TABLEAUX

DE LA NATURE.

A Tubingue, chez J. G. COTTA.

De l'Imprimerie de L. Haussmann, rue de la Harpe, n°. 80.

TABLEAUX

DE LA NATURE,

OU

CONSIDÉRATIONS

SUR LES DÉSERTS, SUR LA PHYSIONOMIE DES VÉGÉTAUX,
ET SUR LES CATARACTES DE L'ORÉNOQUE ;

PAR A. DE HUMBOLDT.

TRADUITS DE L'ALLEMAND ,

PAR J. B. B. EYRIÈS.

TOME SECOND.

BIBLIOTHEQUE ROYALE
I

PARIS,

CHEZ F. SCHŒLL, LIBRAIRE ,
Rue des Fossés-St.-Germain-l'Auxerrois, n. 29,

~~~~~~

1808.
~~~~~~

IDÉES

SUR LA PHYSIONOMIE

DES

VÉGÉTAUX.

IDÉES

SUR LA PHYSIONOMIE

DES

VÉGÉTAUX.

Soit que l'active curiosité de l'homme interroge la nature, soit que son imagination hardie mesure les vastes espaces de la création organisée, des impressions multipliées qu'il reçoit, aucune n'est aussi profonde et aussi forte que le sentiment de cette profusion avec laquelle la vie est universellement répandue. Partout, même sur les glaces du pôle, l'air retentit du chant des oiseaux et du bourdonnement bruyant des insectes. Non-seulement ses couches inférieures, remplies de vapeurs épaisses, sont animées, mais aussi la région supérieure et éthérée. En effet, toutes les fois qu'on a gravi la chaîne des Cordillères ou la cime du Mont-Blanc, on a trouvé des animaux dans ces solitudes. Sur le Chimborazo (1), qui est quatre fois plus élevé que le Puy-de-Dôme, nous avons vu des papillons et d'autres insectes ailés. Emportés par des courans d'air perpendiculaires, ils errent étrangers dans cette région où la curiosité inquiète conduit les pas circonspects de l'homme; leur présence prouve que l'organisation animale, plus flexible, peut subsister bien au-delà des limites où s'est arrêtée celle des végétaux. S'élevant plus haut que le pic de Ténériffe entassé sur l'Etna, plus haut que toutes les cîmes des Andes, le condor (2), ce géant des vautours, planoit au-dessus de nous. La rapacité de ce puissant volatile l'attire dans ces régions à la poursuite des vigognes au lainage soyeux, qui, comme des chamois, errent en troupeaux dans ces savanes voisines des neiges éternelles.

Si l'œil nu nous montre la vie répandue dans toute l'atmosphère, armé du microscope, il nous découvrira encore de plus grandes merveilles. Des rotifères, des bra-

chions et une infinité d'animalcules , sont enlevés par les vents
de la surface des eaux qui se des-
sèchent. Sans mouvement, plongés
dans une mort apparente, ils voltigent dans l'air, peut-être pendant
de longues années , jusqu'à ce que
la rosée les ramène à la terre, dis-
solve l'enveloppe qui enchaîne leurs
corps transparens et se mouvant
en tourbillons (3), et, probablement
par le moyen de l'oxigène que toutes les eaux contiennent, souffle
de nouveau l'irritabilité dans leurs
organes.

Outre les êtres développés, l'atmosphère porte aussi des germes
innombrables d'êtres futurs, des
œufs d'insectes, et des semences

de plantes que des aigrettes velues et plumeuses préparent à de longues pérégrinations automnales. Cette poussière vivifiante que lancent les fleurs mâles dans les espèces où les sexes sont séparés, est, même au-delà des terres et des mers, portée aux fleurs femelles solitaires par les insectes ailés (4) et le souffle des vents.

Si le mobile océan aérien où nous sommes plongés, et au-dessus de la surface duquel nous ne pouvons nous élever, est indispensable pour l'existence d'un grand nombre d'êtres organisés, ils ont encore besoin d'un aliment plus grossier, qu'ils ne trouvent qu'au fond de cet océan gazeux. Ce fond

est de deux sortes ; la plus petite
partie est la terre sèche entourée immédiatement de l'air ; la
plus grande est l'eau qui., il y
a peut-être des milliers d'années,
se forma de substances gazeuses
condensées par le feu électrique, et
qui, aujourd'hui, est décomposée
sans cesse dans l'atelier des nuées,
de même que dans les vaisseaux
des animaux et des plantes.

On ne sait pas encore où la vie
est semée avec le plus de prodiga-
lité. Est-ce sur les continens, ou
dans les immenses abîmes de la
mer ? Dans ceux-ci paroissent des
vers gélatineux qui, vivans ou
morts, brillent comme des étoiles (5), et par leur éclat phospho-

rique changent la surface du vaste Océan en une mer de feu. Ce sera pour moi une impression ineffaçable, que celle des nuits tranquilles de la zone torride sur le grand Océan : du bleu foncé du firmament la constellation de la Croix inclinée à l'horizon, et au zénith celle du Vaisseau, faisoient jaillir dans l'air parfumé leur lumière douce et planétaire, tandis que les dauphins traçoient des sillons brillans au milieu des vagues écumeuses.

Non-seulement l'Océan, mais encore les eaux des marais recèlent une multitude innombrable de vers d'une forme surprenante. Nos yeux ont peine à reconnoître les cyclidies, les tricodes frangés, et la foule des naïdes, divisibles en rameaux comme le lemna dont elles cherchent l'ombrage. Entourés de différens mélanges d'air, et ne connoissant pas la lumière, vivent le l'ascaris tacheté sous la peau du ver de terre, la leucophra d'un brillant argenté dans l'intérieur de la naïde des rivages, et l'echynorynchus dans les vastes cellules pulmonaires du serpent à sonnettes (6) des tropiques. Ainsi la vie remplit les lieux les plus cachés de la nature. Arrêtons-nous ici modestement aux végétaux. C'est à leur existence que tient celle des espèces animales. Ils travaillent continuellement à disposer en ordre, pour l'organiser ensuite, la matière

brute de la terre, et, par leur éner-
gie vitale , préparent ce mélange
qui , après mille modifications ,
s'ennoblit enfin en formant des filets nerveux, organes du sentiment
et de l'intelligence.

Le regard que nous attacherons
sur les familles variées des plantes,
nous dévoilera aussi quelle foule
d'êtres animés elles nourrissent et
conservent.

Qu'il est diversement tissu , le
tapis dont la prodigue déesse des
fleurs couvre la nudité de notre
planète : plus serré dans les climats
où le soleil s'élève à une plus grande
hauteur vers un ciel sans nuage ;
plus lâche vers les pôles engourdis

où le retour de la gelée tue le bou-
ton développé, ou saisit le fruit
mûrissant ! Partout, cependant,
l'homme goûte le plaisir de trouver
des végétaux qui le nourrissent.
Que du fond de la mer, comme il
arriva jadis au milieu des îles grecques, un volcan soulève tout-à-
coup au-dessus des flots bouillans
un rocher couvert de scories, ou,
pour rappeler un phénomène moins
terrible, que des néréides réunies (7) élèvent leurs demeures
cellulaires pendant des milliers
d'années, jusqu'à ce que, se trouvant au-dessus du niveau de la
mer, elles meurent, après avoir
ainsi formé une île applatie de corail ; la force organique est déjà
prête pour faire naître la vie sur ce

rocher. Qui y porte si soudainement des semences ? Sont-ce les
oiseaux voyageurs, les vents ou les
vagues de la mer? C'est ce que le
grand éloignement des côtes rend
difficile à décider. Mais à peine
l'air a-t-il touché la pierre nue,
que, dans les contrées septentrionales, il se forme à sa surface un
réseau de filets veloutés qui, à l'œil
nu, paroissent des *taches* colorées.
Quelques-uns sont bordés par des
lignes saillantes, tantôt simples, tantôt doubles; d'autres sont traversés
par des sillons qui se croisent. A mesure qu'ils vieillisent, leur couleur
claire devient plus foncée. Le jaune
qui brilloit au loin se change en
brun, et le gris bleuâtre des *le-*
praria prend insensiblement une

teinte de noir poudreux. Les extrémités des enveloppes vieillissantes
se rapprochent et se confondent;
et sur le fond obscur se forment
de nouveaux lichens de forme cir-
culaire et d'un blanc éblouissant.
C'est ainsi qu'un réseau organique
s'établit par couches successives;
et de même que la race humaine
parcourt, en s'établissant, des degrés différens de civilisation, de
même la propagation graduelle des
plantes est liée à des lois physiques
déterminées. Où le chêne majestueux élève aujourd'hui sa tête
aérienne, jadis de minces lichens
couvroient la roche dépourvue de
terre. Des mousses, des graminées,
des plantes herbacées et des arbris-
seaux, remplissent le vide de ce

long intervalle, dont la durée ne peut être calculée. L'effet produit dans le nord par les lichens et les mousses, l'est, dans la zone torride, par le pourpier, le gomphrena, et d'autres plantes basses habitantes des rivages. L'histoire de l'enveloppe végétale de notre planète et de sa propagation graduelle sur la surface pelée de la terre a ses époques, comme l'histoire la plus reculée de l'espèce humaine.

La vie est répandue partout; la force organique travaille continuellement à rattacher à de nouvelles formes les élémens séparés par la mort; mais cette richesse d'êtres organisés et leur renouvel-

lement diffèrent suivant la différence des climats. Dans les zones
froides, la nature s'engourdit pé-
riodiquement, et comme la flui-
dité est une condition de la vie, les
animaux, ainsi que les plantes, à
l'exception des mousses et des autres cryptogames, y restent ensevelis durant les mois d'hiver dans
un profond sommeil. Sur une
grande partie de la terre, il n'a
donc pu se développer que des
êtres organiques, capables de sup-
porter une diminution considérable de calorique, ou une longue
interruption des fonctions vitales.
Aussi, plus on approche des tropiques, plus la variété, la grace des
formes et le mélange des couleurs

augmentent, ainsi que la jeunesse et la vigueur éternelles de la vie organique.

Ces faits peuvent être niés par ceux qui n'ont jamais quitté l'Europe, ou qui ont négligé l'étude de la géographie physique. Lorsqu'en sortant de nos forêts de chênes touffus, on franchit les Alpes ou les Pyrénées pour aller en Italie ou en Espagne, ou lorsqu'on dirige ses regards sur les côtes d'Afrique qui bornent la mer Méditerranée, on est aisément induit à tirer la conséquence erronée, que le caractère des climats chauds est d'être dénués d'arbres. Mais on oublie que l'Europe méridionale avoit un autre aspect, lorsque les colonies pélas-

ges ou carthaginoises commencè-
rent à y fonder des établissemens:
on oublie qu'une civilisation antique de l'espèce humaine recule
les forêts, que l'inquiète activité des
nations prive peu-à-peu la terre
de cette parure qui, dans les contrées septentrionales, nous réjouit,
et qui, plus que tous les documens
historiques, prouve la jeunesse de
notre civilisation. La grande catastrophe, à laquelle la Méditerranée
doit sa formation, paroît avoir dépouillé les contrées voisines d'une
grande partie de leur terre végétale, quand cette mer, qui n'étoit
alors qu'un lac immense, gonfla
ses eaux et rompit les digues des
Dardanelles et des colonnes d'Hercule. Ce que les écrivains grecs

nous ont transmis des traditions de la Samothrace (8), semble indiquer que l'époque des ravages opérés par ce grand changement, étoit moins ancienne que l'existence du genre humain et sa réunion en société. Dans tous les pays qui confinent à la Méditerranée, et que caractérise le calcaire secondaire du Jura, une partie de la superficie du sol n'est qu'un rocher nu. La beauté pittoresque de l'Italie a surtout pour cause le contraste agréable qu'offrent la roche pelée et inanimée, et, si l'on peut s'exprimer ainsi, les îles de végétations vigoureuses disséminées sur sa surface. Où cette roche moins crevassée retient l'eau sur la superficie couverte de terre, comme sur les bords enchantés du lac d'Albano, l'Italie a ses forêts de chênes aussi touffues et aussi vertes que celles qu'on admire dans le nord de l'Europe.

Les déserts au Sud de l'Atlas, et les plaines immenses ou *steppes* de l'Amérique méridionale, ne doivent être regardées que comme des phénomènes locaux. Celles-ci sont, au moins dans la saison des pluies, couvertes d'herbes et de *mimosa* très-peu élevés et presque herbacés : ceux-là sont des mers de sable dans l'intérieur de l'ancien continent, de grands espaces dénués de plantes et entourés de rivages boisés toujours vert. Quelques palmiers en éventail, épars et isolés, rappellent seuls au voyageur que ces solitudes font partie d'une nature animée. Le jeu fantastique du *mirage*, occasionné par l'effet de la chaleur rayonnante, tantôt fait voir le pied de ces palmiers flottant dans l'air, tantôt il répète leur image renversée dans les couches de l'air mobiles comme les vagues de la mer; à l'ouest de la chaîne péruvienne des Andes, sur les côtes du grand Océan, nous avons consommé des semaines entières pour traverser de semblables déserts dépourvus d'eau.

L'existence de ces déserts arides, de ces vastes espaces dénués de végétaux au milieu des contrées enrichies d'une végétation abondante, est un phénomène géolo-

gique auquel on fait peu d'attention, et qui provient incontestable-
ment d'anciennes révolutions de
la nature, soit inondations , soit
transformations volcaniques de
l'enveloppe du globe. Dès qu'une
région a perdu les plantes dont
elle est couverte, que le sable est
devenu mobile et dénué de sources,
que l'air embrasé et s'élevant perpendiculairement empêche la précipitation des nuages ; (9) des
milliers d'années s'écouleront avant
que du sein des bords verdoyans
du désert la vie organique pénètre
dans son intérieur.

Celui donc qui sait d'un regard
embrasser la nature, et faire abs-
traction des phénomènes locaux ,

voit, comme depuis le pôle jusqu'à
l'équateur, à mesure que la chaleur
vivifiante augmente, la force organique et la vie augmentent aussi
graduellement. Mais dans le cours
de cet accroissement, des beautés
particulières sont réservées à chaque zone: aux climats du tropique,
la diversité de forme et la grandeur
des végétaux : aux climats du
Nord, l'aspect des prairies et le
réveil périodique de la nature aux
premiers souffles de l'air printan-
nier.Outre les avantages qui lui sont
propres, chaque zone a aussi son
caractère. Si l'on reconnoît dans
chaque individu organisé une physionomie déterminée; puisque les
descriptions de botanique et de
zoologie, dans le sens le plus

restreint, ne sont que l'anatomie de la forme des plantes et des animaux, de même on peut distinguer une certaine physionomie naturelle qui convient exclusivement à chaque zone.

Ce que le peintre désigne par les expressions de *nature suisse* et de *ciel d'Italie* a son principe dans le sentiment confus de ce caractère local de la nature. Le bleu du ciel, la lumière, les vapeurs qui se reposent dans le lointain, la forme des animaux, la vigueur des végétaux, l'éclat du feuillage, le contour des montagnes, tous ces élémens partiels déterminent l'impression que produit l'ensemble d'un paysage. A la vérité, sous

toutes les zones, les mêmes espèces
de montagnes forment des groupes
de rochers d'une physionomie semblable. Les rochers de diabase,
de l'Amérique-Méridionale et du
Mexique ressemblent à ceux des
montagnes euganienes, comme,
parmi les animaux, la figure de
l'alco ou de la race primitive du
chien du Nouveau-Continent,
répond parfaitement à celle de
la race européenne. L'enveloppe
inorganique de la terre est à-peu-
près indépendante de l'influence
des climats : soit que la roche ait
existé avant que cette différence s'é-
tablît, soit que la masse de la terre
en se durcissant et dégageant de
la chaleur, se fût donnée à elle-
même sa température, (10) au

lieu de la recevoir du dehors. Ainsi toutes les roches sont propres à toutes les contrées du monde, et affectent partout la même forme. Partout le basalte s'élève en montagnes jumelles, dont la cime est tronquée. Partout le porphyre trappéen paroît en masses bizarrement disposées, et le granit avec des sommets arrondis. Si des espèces semblables de plantes, telles que les pins et les chênes, couronnent également les montagnes de la Suède et celles de la partie la plus méridionale du Mexique ; (11) cependant malgré cette correspondance de forme et cette similitude des contours partiels , l'ensemble de leurs groupes , présente un caractère entièrement différent.

La connoissance des fossiles ne diffère pas plus de la géologie que la description naturelle des individus ne diffère de la description générale ou de la physiognomonie de la nature. Georges Forster, dans ses voyages et dans ses œuvres diverses, Gœthe, dans les tableaux que présentent plusieurs de ses immortels ouvrages, Herder, Buffon, Bernardin de S.-Pierre et Châteaubriand ont tracé, avec une vérité inimitable, le caractère de quelques zones partielles. Mais de telles peintures ne sont pas seulement propres à procurer à l'esprit une jouissance du genre le plus noble : la connoissance du caractère de la nature en différentes régions, est liée de la manière la plus intime à l'histoire du genre humain et à celle de sa civilisation. Car si le commencement de cette civilisation n'est pas déterminé uniquement par des rapports physiques, au moins sa direction, le caractère des peuples et les dispositions gaies ou sérieuses des hommes, dépendent presqu'entièrement de l'influence du climat. Combien puissamment le ciel de la Grèce n'a-t-il pas agi sur ses habitans! Comment les peuples établis dans les belles et heureuses régions qu'enferment l'Oxus, le Tigre et la mer Egée, ne se seroient-ils pas élevés les premiers à l'aménité des mœurs, et à la délicatesse des sentimens. Nos ancêtres ne rapportèrent-ils pas des mœurs plus douces de ces vallées délicieuses, lorsqu'à l'Europe, retombée dans la barbarie, l'enthousiasme religieux ouvrit tout-à-coup l'orient sacré. Les compositions poétiques des Grecs, et les chants rudes des peuples primitifs du nord, doivent presque tout leur caractère à la configuration des animaux et des plantes que voyoit le poète, aux vallées qui l'entouroient, à l'air qu'il respiroit. Et pour rappeler des objets plus rapprochés de nous, qui ne se sent différemment disposé à l'ombre épaisse des hêtres, sur les collines couronnées de sapins épars, enfin sur la pelouse, où le zéphire murmure dans les feuilles tremblantes du bouleau! La figure de ces plantes de notre pays rappelle souvent en nous des

images gaies, sérieuses ou mélan-
coliques. L'influence du monde
physique sur le moral, cette action
réciproque et mystérieuse du ma-
tériel et de l'immatériel, donnent
à l'étude de la nature, quand on
la contemple du point de vue le
plus sublime, un attrait particulier
encore trop peu connu.

Mais si le caractère des différens
pays dépend de toutes les apparences
extérieures, si le contour des montagnes, si la physionomie des plantes
et des animaux, si le bleu du ciel, la
proportion des nuages, et la transparence de l'air, influent sur l'impression que produit l'ensemble;
on ne peut nier que la cause prin-
cipale de cette impression ne soit

dans la masse des plantes. Les espèces animales sont trop éparses,
et la mobilité des individus les dé-
robe trop souvent à nos regards.
Les végétaux au contraire agissent
sur notre imagination, par leur
immobilité et leur grandeur. Leur
masse indique leur âge, et c'est
dans les végétaux seuls que s'unit
à l'âge l'expression d'une force qui
se renouvelle sans cesse. Le dragonnier (12) gigantesque que j'ai vu
dans les îles Canaries, a seize pieds
de diamètre, et jouissant d'une
jeunesse éternelle, il porte encore
des fleurs et des fruits. Lorsque les
Bethencours, aventuriers françois,
firent au seizième siècle la conquête
des îles fortunées, le dragonnier
d'Orotava, aussi sacré pour les natu-

rels des îles que l'olivier de la cita-
delle d'Athènes ou que l'orme d'E-
phèse, étoit d'une dimension aussi
colossale qu'aujourd'hui. Dans la
zone torride, une forêt de cœsal-
pinia et d'hymenea est peut-être un
monument d'un millier d'années.

Si l'on embrasse d'un regard les
différentes espèces de plantes, qui
sont déjà (13) connues, et dont le
grand ouvrage ae Wildenow décrit exactement plus de vingt mille
espèces, on reconnoît, dans cette
quantité prodigieuse, un petit nombre de formes principales, auxquelles on peut ramener toutes les
autres. Pour déterminer ces formes, dont la beauté individuelle,
l'isolement ou le rassemblement en

groupes constitue la physionomie de la végétation d'une contrée , il ne faut pas suivre la marche des systêmes de botanique où , par d'autres motifs, on ne considère que les plus petites parties des fleurs et des fruits, mais au contraire envisager uniquement ce qui, par ses masses, imprime un caractère particulier à la physionomie d'une contrée. Parmi ces formes principales des végétaux, il en est qui peuvent se rattacher aux familles des systêmes naturels , où par exemple , les bananiers et les palmiers sont aussi placés isolément. Mais le botaniste systématique divise un grand nombre de groupes que le botaniste physionomiste se voit obligé de réunir.

Aux yeux de celui-ci, quand les végétaux se présentent en masses, les contours et la disposition partielle des feuilles, la forme des troncs et des branches se fondent ensemble. Ainsi le peintre, et c'est surtout ici que la décision appartient au sentiment délicat et naturel de l'artiste; le peintre saura sur le plan moyen et dans le fonds d'un paysage, distinguer des hêtres, les sapins et les palmiers; mais il ne pourra discerner les ormes des autres arbres analogues.

Dix-neuf différentes formes de végétaux déterminent principalement la physionomie de la nature. Je ne fais mention que de celles que j'ai observées dans mes voyages dans les deux hémisphères et en examinant avec attention pendant bien des années les végétaux des régions comprises entre le cin- quante - cinquième parallèle bo- réal , et le douzième parallèle austral. Certainement le nombre de ces formes s'accroîtra considé- rablement lorsque l'on aura péné- tré plus avant dans l'intérieur des continents, et qu'on y aura décou- vert de nouveaux genres de plan- tes. Les végétaux de la partie sud- est de l'Asie, de l'intérieur de l'A- frique, de la Nouvelle-Hollande, de l'Amérique du sud , depuis le fleuve des Amazones jusqu'aux montagnes de Chiquitas , nous sont entièrement inconnus. Ne pour- roit-on pas découvrir un pays où

les champignons igneux, par exemple les clavaria ou bien les mousses,
formeroient des arbres? Le nekera
dendroïdes, espèce de mousse européenne, est réellement arbores-
cente; et les fougères de la zone
torride, souvent plus élevées que
nos tilleuls et nos aulnes, offrent
encore aujourd'hui à l'Européen un
aspect aussi surprenant que le pa-
roîtroit celui d'une forêt de hautes
mousses à quiconque la verroit
pour la première fois. La grandeur
et le développement des organes
dépendent d'un climat qui les favo-
rise. La forme étroite et élancée
de nos lézards s'étend dans le Sud
jusqu'à celle de ces terribles crocodiles dont le corps est colossal et
cuirassé. Dans le tigre, le lion, le

jaguar et autres grandes espèces
du même genre , on trouve répétée la forme du chat , l'un de nos
animaux domestiques les plus petits. Si nous pénétrons dans l'intérieur de la terre, si nous fouillons
les tombeaux des plantes et des
animaux, les pétrifications ne nous
annoncent pas seulement une
distribution des formes , qui se
trouve en contradiction avec celles
des climats actuels ; elles nous
montrent aussi des configurations
gigantesques , qui ne contrastent
pas moins avec les petites dimensions dont nous sommes entourés aujourd'hui , que l'héroisme
simple des Grecs avec le caractère
de grandeur des temps modernes.
La température de notre planète

a-t-elle subi des changemens considérables,et qui reviendront pério-
diquement ? La proportion entre
la mer et la terre et la hauteur de
l'océan aérien , aussi bien que sa
pression , (14) n'ont - elles pas
toujours été les mêmes ? Dans
cette hypothèse, la physionomie
de la nature , la grandeur et la
forme des organes ont dû être
soumises à de nombreuses modifications. Dans l'impuissance de
peindre complètement cette physionomie des états successifs de
notre planéte vieillissante , d'après
ses traits actuels , je ne hasarderai
que de tracer les caractères qui
conviennent principalement à chaque groupe de végétaux. Quelque
riche et souple que puisse être une

langue, c'est une entreprise difficile de retracer avec des mots ce
qui n'appartient qu'à l'art imitatif
du peintre. Puissé-je aussi éviter
la fatigue que doit produire inévi-
tablement sur le lecteur l'énumé-
ration répétée de chaque forme
partielle.

Nous commencerons par les
palmiers : (15) entre tous les végétaux , ils ont la forme la plus
élevée et la plus noble ; c'est à elle
que les peuples ont adjugé le prix
de la beauté ; c'est au milieu de la
région des palmes de l'Asie, ou
dans les contrées les plus voisines,
que s'est opérée la première civilisation des hommes. Leurs tiges, hautes, élancées, annelées,

quelquefois garnies de piquans, sont terminées par un feuillage luisant, tantôt pinné, tantôt disposé en éventail. Les feuilles sont fréquemment frisées comme celles de quelques graminées. Le tronc lisse atteint souvent une hauteur de cent quatre-vingts pieds. La grandeur et la beauté des palmiers diminuent à mesure qu'ils s'éloignent de l'équateur pour se rapprocher des zones tempérées. L'Europe, parmi ses végétaux indigènes, n'en a qu'un seul qui représente cette forme ; c'est un palmier habitant des côtes , de stature naine, le palmiste (chamerops humilis) , qui croît en Espagne et en Italie , et qu'on trouve jusqu'au quarante-quatrième parallèle boréal. Le véritable climat des palmiers, est celui dont la température moyenne s'élève à vingt-un degrés. Mais le dattier qu'on nous a apporté d'Afrique et dont la beauté est moindre que celle de la plupart des genres de ce groupe, croît encore dans des contrées de l'Europe méridionale, où la chaleur moyenne est de quatorze degrés, c'est à dire deux fois plus considérable qu'à Berlin. Des troncs de palmier et des squelettes d'éléphans, sont ensevelis dans les entrailles de la terre, dans le Nord de l'Allemagne; la position où on les trouve, rend assez vraisemblable qu'ils n'ont pas été entraînés par les courrans, depuis les tropiques jusqu'au Septentrion; mais que dans les grandes révolu-

tions de notre planète , les climats, ainsi que la physionomie
qu'ils donnent à la nature , ont
subi de nombreuses modifications.

Dans toutes les parties du monde , la forme des palmiers se réunit
à celle des bananiers ; les scitaminées des botanistes (l'*heliconia* ,
l'*amomum,* le *strelitzia*) ; leur tige,
plus basse , mais plus succulente ,
est presque herbacée et couronnée
de feuilles d'une contexture mince
et lâche , avec des nervures délicates et luisantes comme de la soie.
Les bosquets de bananiers sont la
parure des cantons humides. C'est
dans leurs fruits que repose la sub-
sistance de tous les habitans des

tropiques ; de même que les céréales farineuses du nord, les bananiers ont accompagné l'homme dès
l'enfance de sa civilisation (16).
Les fables de l'Asie placent la demeure primitive de ce végétal nourrissant de la zone torride sur les
bords de l'Euphrate, ou au pied
du mont Himalus dans l'Inde. Les
fables grecques nomment les campagnes d'Enna comme la patrie
fortunée des céréales. Si les champs
vastes et monotones que couvrent
les céréales répandues par la culture dans les parties septentrionales de la terre , embellissent peu
l'aspect de la nature, l'habitant des
tropiques, au contraire, en s'établissant, multiplie, par les planta-
tions de bananiers, une des formes

de végétaux les plus nobles et les plus magnifiques.

La forme des malvacées (17), telles que les *sterculia*, les *hibiscus*, les *lavatera* et les *ochroma*, présente des troncs assez courts, mais d'une grosseur monstrueuse; des feuilles lanugineuses, grandes, cordiformes, souvent découpées; des fleurs superbes, et assez généralement d'un rouge pourpré. C'est à ce groupe de végétaux qu'appartient le baobab ou pain de singe (*adansonia digitata*), dont le tronc a douze pieds de haut et trente pieds de diamètre, et qui est probablement le plus grand et le plus ancien des monumens organiques de notre planète. Dès l'Italie, la

forme des grandes malvacées com·
mence à donner à la végétation un
caractère propre aux contrées mé-
ridionales.

Notre zone tempérée est entièrement privée, dans l'ancien continent, de ces feuilles si délicatement pinnées, auxquelles on reconnoît la forme des *mimosa* (18);
tels sont le *gleditsia*, le *porleria*,
le tamarin. Cette belle forme ne
manque pas aux Etats-Unis d'A-
mérique, où, à une latitude semblable, la végétation est plus variée
et plus vigoureuse qu'en Europe.
Le déploiement des rameaux, pareil à celui du pin pignon d'Italie,
est assez général dans les *mimosa*.
Le bleu foncé du ciel de la zone

torride, qu'on aperçoit à travers leur feuillage délicatement pinné, est d'un effet extrêmement pittoresque.

Un groupe de végétaux qui appartient presque entièrement à l'Afrique, est celui des *éricées* (19) ou bruyères, auquel se lient les *passerina*, les *andromeda* et *le gnidium* ; il a quelque ressemblance avec les arbres résineux, à feuilles acéreuses, et contraste avec eux d'autant plus agréablement par l'abondance de ses fleurs en grelot. Les bruyères arborescentes atteignent, ainsi que d'autres végétaux africains, les rives du bassin de la mer Méditerranée. Elles parent l'Italie et les buissons de cistes de l'Espagne méridionale. C'est dans les îles d'Afrique, sur la pente du pic de Ténériffe que je les ai vues croître avec le plus de force. Dans les contrées voisines de la mer Baltique et plus au Nord, cette famille est redoutée comme annonçant l'aridité et la stérilité. Les éricées de ces pays, la bruyère ordinaire et la bruyère tetralix, sont des plantes vivant en société. Depuis des siècles les peuples agriculteurs combattent avec peu de succès contre la marche progressive de leurs phalanges. Il est assez singulier que le genre qui a donné son nom à cette forme, ne se trouve que sur un des côtés de notre planète.

Parmi les cent-trente-sept espèces de bruyère, connues jusqu'à présent, on n'en rencontre pas une seule dans le nouveau continent, depuis la Pensylvanie et le Labrador jusqu'à Nootka et Alaschka.

La forme des *cactus*, (20) au contraire, se montre presqu'exclusivement en Amérique. Elle est tantôt sphérique, tantôt articulée; tantôt elle s'élève comme des tuyaux d'orgues, en longues colonnes cannelées. Ce groupe forme, par son extérieur, le contraste le plus frappant avec celui des liliacées et des bananiers. Il fait partie des plantes que M. Bernardin de Saint-Pierre a si heureusement nommées les sources végétales des déserts. Dans les plaines dénuées d'eau de l'Amérique du Sud, les animaux tourmentés par la soif, cherchent le melocactus, végétal sphérique à moitié caché dans le sable, enveloppé de piquans redoutables, et dont l'intérieur abonde en sucs rafraîchissans. Les tiges de cactus en colonnes parviennent jusqu'à trente pieds de hauteur et forment des espèces de candélabres ; leur physionomie a une ressemblance frappante avec celle de quelques ëuphorbes d'Afrique.

Tandis que les euphorbes forment des oasis dispersées dans le désert privé de végétation, les orchidées, sous la zone torride (21) animent les fentes des rochers les plus sauvages, et les troncs des arbres noircis par l'excès de la chaleur. La forme des vanilles se fait remarquer par des feuilles d'un vert clair, remplies de suc, et par des fleurs de couleurs bariolées et d'une structure singulière. Ces fleurs ressemblent à un insecte aîlé, ou à cet oiseau si petit qu'attire le parfum des nectaires. La vie d'un peintre ne suffiroit pas pour retracer toutes ces orchidées magnifiques qui ornent les vallées profondément sillonnées des Andes du Pérou.

Les casuarinées(22)qu'on ne trouve que dans les Indes et les isles du grand Océan, sont dénuées de feuilles, comme la plupart des cactus:

ce sont des arbres dont les branches sont articulées comme celles des prêles. Cependant on trouve dans d'autres parties du monde des traces de ce type, plus singulier qu'il n'est beau. L'*equisetum altissimum* de Plumier, l'*ephedra* du Nord de l'Afrique, le *colletia* du Pérou, et le *calligonum pallasia* de Sibérie, approchent beaucoup de la forme des casuarinées.

C'est dans les bananiers que le parenchyme est le plus prolongé ; c'est au contraire dans les casuarinées et les arbres résineux (23) qu'il est le plus rétréci. Les pins, les thuya, les cyprès appartiennent à une forme septentrionale qui est peu commune dans la zone torride. Leur verdure continuelle et toujours fraîche, égaie les paysages attristés par l'hiver, et annonce en même temps aux peuples voisins des pôles que, lors même que la neige et les frimas couvrent la terre, la vie intérieure des plantes, semblable au feu de Prométhée, ne s'éteint jamais sur notre planète.

Les mousses et les lichens dans nos climats, les aroïdes sous les tropiques (24) sont parasites, aussi bien que les orchidées, et revêtissent les troncs des arbres vieillissans. Ils ont des tiges charnues et herbacées, des feuilles sagittées, digitées ou allongées, mais toujours avec des veines très-grosses ; les fleurs sont renfermées dans des spathes. Les principaux genres sont, le *pothos*, le *dracontium*, l'*arum*. Ce dernier manque dans le Nord; mais en Espagne et en Italie, sa présence, celle des russilages pleins de suc, des chardons presque arborescens et des acanthes, indiquent la force de la végétation du Midi.

A cette forme des *arum* se joint celle des lianes (25); toutes deux d'une vigueur remarquable dans les contrées les plus chaudes de l'Amérique méridionale. Telles sont les *paullinia*, les *banisteria* et les *bignonia*. Notre houblou sarmenteux et nos vignes peuvent nous donner une idée de l'élégance des formes de ces groupes. Sur les bords de l'Orénoque, les bran-

ches sans feuilles des *bauhinia*,
ont souvent quarante pieds de
long. Quelquefois elles tombent
perpendiculairement de la cime
élevée des acajous swinteria ; quelquefois elles sont tendues en dia-
gonales d'un arbre à l'autre comme
les cordages d'un navire. Les chats-
tigres y grimpent et y descendent
avec une adresse admirable.

La forme roide des aloès (26)
bleuâtres, contraste avec la forme
souple des lianes sarmenteuses d'un
vert frais et léger. Leurs tiges,
quand ils en ont, sont la plupart
sans divisions, à nœuds rapprochés,
tordues sur elles-mêmes, comme
des serpens, et couronnées à leur
sommet de feuilles succulentes ,

charnues, terminées par une longue pointe, et disposées en rayons serrés. Les aloès à tige haute ne forment pas des groupes comme les végétaux qui aiment à vivre en société. Ils croissent isolés dans des plaines arides, et donnent par-là aux régions du tropique un caractère particulier de mélancolie, j'oserois presque dire, africain.

Une roideur et une immobilité triste, caractérisent la forme des aloès ; une légèreté riante et une souplesse mobile, distinguent les graminées, (27) et en particulier la physionomie de celles qui sont arborescentes. Les bosquets de bambous forment, dans les deux Indes, des allées ombragées. La tige lisse, souvent recourbée et flottante, des graminées des tropiques, surpasse en hauteur celle de nos aulnes et de nos chênes. Dès l'Italie, cette forme commence dans l'*arundo donax* à s'élever de terre, et à déterminer le caractère naturel du pays, par sa taille et sa masse.

La forme des fougères (28) ne s'ennoblit pas moins que celle des graminées, dans les contrées chaudes de la terre ; les fougères arborescentes, souvent hautes de trente-cinq pieds, ressemblent à des palmiers, mais leur tronc est moins élancé, plus raccourci et très - raboteux. Leur feuillage, plus délicat, d'une contexture plus lâche, est transparent, et légèrement dentelé sur les

bords. Ces fougères gigantesques
sont presqu'exclusivement indigènes de la zone torride ; mais elles
y préfèrent à l'extrême chaleur un
climat moins ardent. L'abaissement
de la température étant une conséquence de l'élévation du sol , on
peut considérer comme le séjour
principal de cette forme les montagnes élevées de deux à trois
mille pieds au-dessus du niveau
de la mer. Les fougères à hautes
tiges accompagnent dans l'Amérique méridionale l'arbre bienfaisant
dont l'écorce guérit la fièvre. La
présence de ces deux végétaux
indique l'heureuse région où règne
continuellement la douceur du
printemps.

Je ne puis passer sous silence la forme des liliacées (29) qui ont des feuilles comme celles des roseaux, et de si belles fleurs. Le pays où elle se déploie principalement, est le Sud de l'Afrique ; je citerai la forme des saules (30) qui se trouve dans toutes les parties du monde, et quand ces végétaux manquent, on la retrouve dans les *bancsia* et les *protea.* On peut encore distinguer les myrtées (31)auxquelles se joignent les metrosideros, les eucalyptus, et les escallonia ; enfin les melastomées (32) et les lauriers (53)

Ce seroit une entreprise digne d'un grand artiste, d'étudier le caractère de tous ces différens grou-

pes de végétaux, sous la zone torride même, et non dans les serres
chaudes, ou dans les descriptions
des botanistes.

Qu'il seroit intéressant et ins-
tructif pour le peintre de paysages, l'ouvrage qui représenteroit
les seize formes principales de végétaux, d'abord isolées, puis en contraste les unes avec les autres.
Quoi de plus pittoresque que les
fougères arborescentes, qui, au
Mexique, étendent leurs feuilles
d'un tissu léger, au-dessus des
chênes à feuilles de laurier ? Quoi
de plus charmant qu'un massif de
bananiers ombragé par des bambous ? C'est à l'artiste qu'il appartient d'anatomiser ces groupes
eux-mêmes ; sous sa main, le

grand tableau de la nature se dé-
composera en quelques traits simples ; comme dans les écrits des
hommes tous les mots se résolvent en quelques caractères primitifs.

C'est sous les rayons ardens
du soleil de la zone torride que
se déployent les formes les plus
majestueuses des végétaux. De
même que dans les frimas du
Nord l'écorce des arbres est couverte de lichens et de mousses,
de même entre les tropiques le
cymbidium et la vanille odorante
animent le tronc de l'*anacardium*
et du figuier gigantesque. La verdure fraîche des feuilles du *pothos*
contraste avec les fleurs des orchi-

dées, si variées en couleurs. Les *bauhinia*, les grenadilles grimpantes et les *banisteria* aux fleurs d'un jaune doré , enlacent le tronc des arbres des forêts. Des fleurs délicates naissent des racines du *theobroma* , ainsi que de l'écorce épaisse et rude du calebassier et du *gustavia* (34). Au milieu de cette abondance de fleurs et de fruits , au milieu de cette végéta-tion si riche et de cette confusion de plantes grimpantes , le natura-liste a souvent de la peine à recon-noître à quelle tige appartiennent les feuilles et les fleurs. Un seul arbre orné de *paullinia*, de *bigno-nia* et de *dendrobium*, forme un groupe de végétaux, qui, séparés les

uns des autres, couvriroient un espace considérable.

Dans la zone toride les plantes
sont plus abondantes en sucs, d'une
verdure plus fraîche , et parées de
feuilles plus grandes et plus bril-
lantes que dans les climats du
Nord. Les végétaux qui vivent en
société et qui rendent si monotone
l'aspect des campagnes de l'Europe,
manquent presqu'entièrement dans
les régions équatoriales. Des arbres
deux fois aussi élevés que nos
chênes , s'y parent de fleurs aussi
grandes et aussi belles que nos
lys. Sur les bords ombragés de la rivière de la Madeleine , dans l'Amérique méridionale , croît une aristoloche grimpante dont les fleurs ont

quatre pieds de circonférence. Les enfans s'amusent à s'en couvrir la tête.

La hauteur prodigieuse à laquelle s'élèvent sous les tropiques, non-seulement des montagnes isolées, mais même des contrées entières, et la température froide de cette élévation, procurent aux habitans de la zone torride un coup-d'œil extraordinaire. Outre les groupes de palmiers et de bananiers, ils ont aussi autour d'eux des formes de végétaux qui semblent n'appartenir qu'aux régions du Nord. Des cyprès, des sapins et des chênes, des épines-vinettes et des aulnes qui se rapprochent beaucoup des nôtres, couvrent les

cantons montueux du Sud du Mexique, ainsi que la chaîne des Andes
sous l'équateur. Dans ces régions,
la nature permet à l'homme de
voir, sans quitter le sol natal,
toutes les formes de végétaux répandues sur la surface de la terre;
et la voûte du ciel qui se déploye
d'un pôle à l'autre, ne lui cache
aucun des mondes resplendissans.

Ces jouissances naturelles et une
infinité d'autres, manquent aux
peuples du Nord. Plusieurs constellations et plusieurs formes de
végétaux, surtout les plus belles,
celles des palmiers et des bananiers,
les graminées arborescentes et les
mimosa dont le feuillage est si
finement découpé, leur restent

inconnues pour toujours. Les individus languissans que renferment
nos serres chaudes, ne peuvent
donner qu'une foible image de la
majesté de la végétation de la zone
torride. Mais le perfectionnement
de nos langues, la verve brûlante des
poëtes, et l'art imitateur des peintres nous ouvrent une source
abondante de dédommagemens.
Notre imagination y puise les images vivantes d'une nature exotique.
Sous le climat rigoureux du Nord,
au milieu de la bruyère déserte,
l'homme solitaire peut s'approprier
ce que l'on a découvert dans les régions les plus éloignées, et se créer
ainsi dans son intérieur un monde,
qui, ouvrage de son génie, est
comme lui, libre et impérissable.

ECLAIRCISSEMENS

ET

ADDITIONS.

(1) *Sur le Chimborazo, quatre fois plus élevé que le Puy-de-Dôme*, p. 33.

Lorsque les tempêtes viennent de la terre, on rencontre sur mer, à de grandes distances des côtes, de petits oiseaux et même des papillons, comme j'ai eu plusieurs fois l'occasion de l'observer sur le grand Océan. C'est contre leur gré que les insectes arrivent à quinze ou dix huit mille pieds au-dessus des plaines , dans la région la plus élevée de l'air. L'enveloppe échauffée de la terre occasionne un courant perpendiculaire, par lequel les corps légers sont poussés en haut. Saussure trouva des papillons sur le Mont-Blanc. Ramond en aperçut dans les solitudes qui entourent la cime du Mont - Perdu. Le 23 juin 1802, jour où avec MM. Bonpland et Montufar, je parvins sur la pente orientale du Chimborazo à une hauteur de trois mille quinze toises *(a)*

(*a*) Cette hauteur est calculée

ou cinq mille huit cent soixante dix-
sept mètres , où le baromètre des-
cendit à treize pouces onze lignes

d'après la formule barométrique de
M. Laplace. Il est bon de remarquer
ici une fois pour toutes, que lorsque
des élévations que j'ai mesurées , se
trouvent exprimées dans mon Essai
sur la Géographie des plantes , par
d'autres nombres que ceux qu'on
trouve dans mes mémoires subsé-
quens, la cause de cette différence
n'est due qu'à l'espèce de formules
que j'ai employée. Plusieurs hauteurs de montagnes dont je parle
dans le tableau physique des tropiques , ne sont , comme je l'ai dit
expressément dans cet ouvrage , que
le résultat des calculs faits provisoi-
rement. En général , mes derniers

deux dixièmes de ligne, nous vîmes quelques insectes ailés qui bourdonnoient autour de nous. Nous pensâmes que c'étoit des espèces de mouches. Mais sur une arrête de rocher (cuchilla) qui avoit à peine six pouces de largeur, entre des amas escarpés de neige, il étoit impossible d'attraper ces insectes. L'élévation à laquelle nous les aperçûmes étoit à - peu - près

calculs sont les plus exacts. Car depuis le mois d'août 1807 , M. Oltmanns a terminé tous ceux qui tenoient à l'astronomie, ainsi qu'aux mesures prises avec le baromètre ; travail qui contient 290 déterminations géographiques de différens endroits, et 400 hauteurs.

celle où des rochers nus de porphyre, perçant des neiges éternelles, offroient à nos yeux la
dernière trace de végétation, dans
la *lecidea geographica* (*a*). Ces
insectes voltigeoient à environ deux
mille huit cent cinquante toïses de
haut, deux mille quatre cents pieds
au-dessus de la cime du Mont-
Blanc. Un peu plus bas, à deux
mille six cent toises, par conséquent bien au-delà de la région
des neiges, M. Bonpland avoit vu
des papillons jaunâtres voltiger
terre à terre.

(*a*) Le grand lichen des Alpes, ou
lichen geographicus, n'est réellement
qu'une variété du *lecidea atro-virens*
d'Acharius.

D'après mes mesures, la hauteur perpendiculaire du Chimborazo est de trois mille trois cent cinquante toises. Ce résultat tient le milieu entre ceux donnés par les académiciens françois et espagnols. Cette diversité n'a point son principe dans la différence des méthodes employées pour apprécier l'effet de la réfraction, mais bien dans le mode de réduction des bases mesurées au niveau de la mer.

Dans les Andes, cette réduction ne peut se faire que par le baromètre, par conséquent chaque mesure trigonométrique en est en même-temps une barométrique, dont le résultat est différent, d'après le terme primitif des formules employées. Dans les chaînes de montagnes d'une dimension énorme, on n'obtient que de très-petits angles de hauteur, quand on veut déterminer trigonométriquement la plus grande partie de toute la hauteur, et qu'on établit la mesure sur un point bas et éloigné, soit dans la plaine, ou au niveau de la mer. Dans les montagnes élevées, il n'est pas seulement difficile de trouver une base commode, mais la partie de la hauteur à déterminer barométriquement, croît à chaque pas que l'on fait en s'approchant de la montagne. C'est de pareils obstacles que doit surmonter le voyageur, qui, dans les plaines élevées, dont le sommet des Andes est entouré, choisit le point où il doit faire ses opérations géodésiques. Je mesurai le Chimborazo dans la plaine de Tapia couverte de pierres ponces. Elle est à l'ouest de Rio-Chambo, et son élévation déterminée par le baromètre est de mille quatre cent quatre-vingt deux toises. Les llanos de Luisa et surtout la plaine de Sisgun, élevée de dix neuf mille toises, donneroient de plus grands angles de hauteur. J'avois tout disposé dans cette dernière, pour prendre les mesures, lorsque la cime du Chimborazo se voila d'un nuage épais.

Le savant qui fait des recherches sur les langues, verra peut-être avec plaisir quelques conjectures sur le nom de ce Chimborazo si célèbre. Le Corregimento, ou district où se trouve le Chimbo-razo, s'appelle Chimbo. La Conda-mine (*a*) dérive Chimbo de *Chim-pani*, traverser une rivière. Suivant lui, Chimbo-Raço signifie la *neige de l'autre bord* ; parce qu'au village de Chimbo, en vue de l'énorme montagne couverte de neiges, on passe un ruisseau. Plusieurs naturels de la province de Quito m'ont assuré que Chim-borazo signifioit simplement la neige de Chimbo. On trouve la même terminaison dans *Carguai-Razo*. Mais *Razo* paroît être un

(a) Voyage à l'équateur, p. 184.

mot de dialecte provincial. Le jésuite Holguin, dont je possède l'excellent dictionnaire de la *lengua Qquichua a langua general del Peru*, imprimé à Lima, ne connoît nullement le mot *razo*. Le véritable nom de la neige est *ritti*. Peut-être razo ou rasso, a-t-il quelque analogie avec *casso* glace, que l'on retrouve dans le nom d'un endroit appelé Cassamarca, limite de la glace *(a)* : *racou* désigne un objet très-grand et très-fort ; dans la langue ynca moderne, *o* et *ou* sont perpétuellement confondus. Au reste, quelle que puisse être l'étymologie

(*a*) Garcilasso historia general del Peru, 1722, t. 2, p. 43.

de Chimborazo, il faudroit, dans tous les cas, écrire Chimporazo, car, comme on le sait, les Péruviens ne connoissent pas la lettre *b*. Mais le nom de cette montagne gigantesque n'avoit peut-être rien de commun avec la langue ynca, et tiroit son origine de l'antiquité la plus reculée. En effet, la langue ynca ou qquichua n'avoit été introduite dans le royaume de Quito que peu de temps avant l'invasion des Espagnols ; la langue dominante auparavant, étoit le pourouay , aujourd'hui entièrement éteint. D'autres noms de montagne, tels que Pichincha, Ilinissa, et Cotopaxi, n'ont aucune signification dans la langue ynca , et sont par conséquent plus anciens que le culte du soleil et la langue de cour introduits par les dominateurs de Cuzco.

(2) *Le condor , ce géant des vautours ,* p. 5.

J'ai donné ailleurs l'histoire naturelle du Condour ou Condor (*Vultur gryphus*). Voyez mon recueil d'observations de zoologie et d'anatomie comparée, p. 62.

La région que l'on peut regarder comme le séjour habituel de cet oiseau , commence à une hauteur égale à celle de l'Etna , et comprend des couches d'air élevées de seize cents à trois mille toises au-dessus du niveau de la mer. Les plus grands individus que l'on trouve dans la chaîne des

Andes de Quito, ont quatorze pieds d'envergure ; et les plus petits huit pieds seulement. D'après ces dimensions, et d'après l'angle visuel sous lequel cet oiseau paroissoit quelquefois perpendiculairement au-dessus de nos têtes, on peut juger à quelle hauteur prodigieuse il s'élève quand le ciel est serein. Vu, par exemple, sous un angle visuel de quatre minutes, il devoit être à un éloignement perpendiculaire de onze cent quarante six toises. La caverne (Machay) d'Antisana, située vis-à-vis la montagne de Chussulongo, et de laquelle nous mesurâmes l'oiseau planant, est élevée de deux mille quatre cent quatre-vingt-treize toises au-dessus du niveau du Grand Océan. Ainsi la hauteur absolue que le condor atteignoit, étoit de trois mille six cent trente-neuf toises; là, le baromètre se soutient à peine à douze pouces. C'est un phénomène physiologique assez remarquable, que ce même oiseau qui, pendant des heures entières, vole en tournant dans des régions où l'air est si raréfié, s'abatte tout d'un coup jusqu'au bord de la mer, comme le long de la pente occidentale du volcan de Pichincha, et ainsi en peu d'instans parcourre en quelque sorte tous les climats. A une hauteur de trois mille six cents toises, les sacs aériens et membraneux du condor qui se sont remplis dans les régions plus basses, doivent s'en-

fler d'une manière extraordinaire.
Il y a soixante ans qu'Ulloa exprima son étonnement de ce que le vautour des Andes pouvoit voler à une hauteur où la pression de l'air n'étoit que de quatorze pouces. *(a)* On croyoit alors, d'après l'analogie des expériences faites avec la machine pneumatique, qu'aucun animal ne pouvoit vivre dans un milieu si rare. J'ai vu, comme je l'ai dit, le baromètre descendre sur le Chimborazo à treize pouces onze lignes deux dixièmes. Mon ami, M. Gay-Lussac a respiré pendant un quart-

(a) Observations astronomiques faites par ordre du roi d'Espagne p. 109.

d'heure dans un air dont la pression n'étoit que de $0^m,3288$. A de si grandes hauteurs, l'homme se trouve en général dans un état asthénique très-pénible. Au contraire, chez le condor, l'acte de la respiration paroît se faire avec une égale aisance, dans des milieux où la pression diffère de douze à vingt-huit pouces. De tous les êtres vivans, c'est sans doute celui qui peut à son gré s'éloigner le plus de la superficie de la terre. Je dis à son gré, parce que de petits insectes sont emportés encore plus haut par des courans ascendans. Probablement l'élévation que le condor atteint, est plus considérable que celle que nous

avons trouvée par le calcul cité.
Je me souviens, que sur le Cotopaxi, dans la plaine de Suniguaicu
couverte de pierres ponces et élevée de deux mille deux cent soixante trois toises au - dessus du
niveau de la mer, j'ai aperçu ce
volatile à une hauteur telle, qu'il
ne paroissoit que comme un point
noir. Quel est le plus petit angle *(a)* sous lequel on distingue

(a) Il est probablement d'une
minute. En 1806, on vit à Berlin,
avec l'œil nu, un ballon aérostati-
que qui avoit quatre toises de diamètre, s'abattre à une distance de
six mille sept cens toises. Il étoit
alors sous un angle visuel de 2′ 4″.
Mais on l'auroit encore distingué à

des objets éclairés foiblement ? L'af-
foiblissement des rayons de la
lumière par leur passage à travers
les couches de l'air a une grande
influence sur le minimum de cet
angle. La transparence de l'air des
montagnes est si considérable sous
l'équateur, que dans la province
de Quito, comme je l'ai montré
ailleurs, *(a)* le poncho ou man-
teau blanc d'une personne à cheval,
se distingue à l'œil nu, à une dis-

une distance plus considérable ,
malgré la constitution de notre
atmosphère septentrionale.

(*a*) **D**ans mon mémoire sur la
diminution de la chaleur , et sur la
limite inférieure de la neige perpé-
tuelle.

tance horizontale de quatorze mille ving - leux toises, et par conséquent sous un angle de treize secondes.

(3) *Enchaîne leurs corps se mouvans en tourbillon*, p. 6.

Fontana rapporte dans son excellent ouvrage sur le venin de la vipère, tom. I, p. 62, qu'il a réussi à animer de nouveau en deux heures, par le moyen d'une goutte d'eau, un rotifère desséché depuis deux ans, et qui étoit resté sans mouvement. Au sujet des effets de l'eau, voyez mes Essais sur l'irritabilité des fibres nerveuses et musculaires (en allemand), tom. II, p. 250.

(4). *Les insectes ailés* , p. 7.

Jadis on attribuoit presque uniquement au vent la fécondation des fleurs où les sexes sont séparés. Kohlreuter et M. Sprengel ont prouvé, avec une sagacité étonnante, que les abeilles, les guêpes et un grand nombre de petits insectes ailés, jouoient le principal rôle dans cette opération. Je dis le rôle principal; car prétendre que la fécondation du germe ne peut absolument avoir lieu sans l'intermédiaire de ces petits animaux, ne me paroît pas une assertion conforme au génie de la nature, ainsi que M. Wildenow l'a démontré

d'une manière très - détaillée (*a*).
Mais, d'un autre côté, il faut observer que la dichogamie, les taches colorées des pétales qui indiquent les vaisseaux où le miel est
contenu, et la fécondation par le
concours des insectes, sont trois
circonstances presque inséparables.

(5) *Brillent comme des étoiles*,
pag. 8.

La lueur de l'Océan est un des
plus beaux phénomènes naturels,
qui excitent l'étonnement, quoique
pendant des mois entiers on la voie
renaître chaque nuit. La mer est
phosphorescente sous toutes les
zones; mais celui qui n'a pas été

(*a*) Élémens de botanique, (en allemand) p. 4o5.

témoin de ce phénomène dans la zone torride, et surtout sur le grand Océan, ne peut se faire qu'une idée imparfaite de la majesté d'un si grand spectacle. Quand un vaisseau de ligne, poussé par un vent frais, fend les flots écumeux, et qu'on se tient près des haubans, on ne peut se rassasier du coup-d'œil que présente le choc des vagues. Chaque fois que dans le mouvement du roulis le flanc du vaisseau sort hors de l'eau, des flammes rougeâtres, semblables à des éclairs, paroissent sortir de la quille et s'élancer vers la surface de la mer. Le Gentil *(a)* et Fors-

(a) Voyage aux Indes, t. 1, p. 685-698.

ter *(a)* le père expliquoient l'apparition de ces flammes par le frottement électrique de l'eau contre le corps du navire qui avançoit. Mais d'après nos connoissances physiques actuelles, cette explication n'est pas admissible.

Il est peu de points d'histoire naturelle sur lesquels on ait autant et aussi long-temps disputé que sur la lueur de l'eau de la mer. Ce que l'on en sait de plus précis, se réduit aux faits suivans : il y a plusieurs mollusques luisans qui, pendant leur vie, répandent à leur gré

(a) Remarques faites dans un voyage autour du monde, 1783 (en allemand), p. 57.

une lumière phosphorique assez foible, et généralement d'une couleur bleuâtre ; c'est ce qu'on observe dans le *nereis noctiluca*, le *medusa pelagica* variété β (*a*) et le *monophora nocticula*, que M. Bory St.-Vincent *(b)* a découvert récemment lors de l'expédition du capitaine Baudin. De ce nombre sont aussi les animaux microscopiques qui, jusqu'à présent, n'ont pas été *déterminés*, et que Forster vit nager en multitudes innombrables sur la mer, près du cap de Bonne-Espérance. La lueur de l'eau de la

(*a*) Forskael Fauna ægyptiaco-arabica, p. 109.

(*b*) Voyage aux îles d'Afrique, t. 1, p. 107, pl. 6.

mer est quelquefois occasionnée
par ces portes-lumières vivans; je
dis quelquefois, car le plus souvent,
malgré tous les verres grossissans,
on n'aperçoit aucun animal dans
l'eau lumineuse; et cependant, toutes les fois que la lame vient frap-
per un corps dur et se brise en
écumant, partout où l'eau est fortement agitée, on voit briller une
lumière semblable à celle de l'éclair.
Ce phénomène a probablement
pour principe les fibrilles décom-
posées des mollusques morts qui
sont en quantité infinie dans la
profondeur des eaux: lorsque l'on
fait passer cette eau lumineuse à
travers un tissu serré, ces fibrilles
en sont quelquefois détachées sous la
forme de points lumineux. Quand

nous nous baignions le soir, dans le golfe de Cariaco, près de Cumana, quelques parties de notre corps restoient lumineuses au sortir de l'eau. Les fibrilles lumineuses s'attachent à la peau. D'après l'immense quantité de mollusques dispersée dans toutes les mers de la zone torride, on ne doit pas s'étonner que l'eau de la mer soit lumineuse, lors même qu'on n'en peut point détacher de matière organique. La division à l'infini de tous les corps morts des dagyses et des méduses peut faire considérer la mer entière comme un fluide gélatineux, et qui par conséquent est lumineux, a un goût nauséabond, ne peut être bu par l'homme, mais est nourrissant pour plusieurs poissons. Si l'on a frotté une planche avec une partie du corps de la méduse hysocelle, l'endroit frotté redevient lumineux toutes les fois qu'on passe dessus le doigt bien sec. Durant ma traversée pour aller à l'Amérique du Sud, je mettois quelquefois une méduse sur une assiette d'étain. Si je frappois l'assiette avec un autre métal, les moindres vibrations de l'étain suffisoient pour faire luire l'animal. Comment, dans ce cas, le choc et la vibration agissent-ils? Elève-t-on instantanément la température? découvre-t-on de nouvelles surfaces, ou bien le choc fait-il sortir le gaz hydrogène phosphoré, de sorte que se trouvant en contact avec l'oxygène de l'atmosphère ou de l'eau de la mer, il vienne à brûler? Cet effet du choc qui excite la lumière est surtout étonnant dans une mer clapoteuse, lorsque les lames s'entrechoquent en tout sens. Entre les tropiques, j'ai vu la mer lumineuse à toutes les températures; mais elle l'étoit davantage aux approches des tempêtes, ou lorsque le ciel étoit bas, nuageux et très-couvert. Le froid et la chaleur paroissent avoir peu d'influence sur ce phénomène; car sur le banc de Terre-Neuve, la phosphorescence est souvent très-forte dans le moment le plus rigoureux de l'hiver. Quelquefois toutes les circonstances étant d'ailleurs égales, au moins en apparence, la phosphorescence est considérable, pendant une nuit, et la nuit

suivante elle est presque nulle. L'atmosphère favorise-t-elle ce dégagement de lumière, cette combus-
tion de l'hydrogène phosphoré? ou
ces différences ne dépendent-elles
que du hasard qui conduit le navigateur dans une mer plus ou moins
remplie de gélatine de mollusques? Peut-être aussi les animalcules luisans ne viennent-ils à la
surface de la mer que lorsque l'atmosphère est dans un certain état?
M. Bory St.-Vincent demande avec
raison pourquoi nos eaux douces
marécageuses remplies de polypes
ne sont pas lumineuses? Il paroî-
troit en effet qu'il faut un mélange
particulier de particules organiques
pour favoriser ce dégagement de
lumière; aussi le bois du saule est-

il plus fréquemment phosphores-
cent que celui du chêne. En Angleterre, on a réussi à rendre de
l'eau salée lumineuse en y jetant
de la saumure de hareng. On peut
au reste se convaincre par les expériences galvaniques, que l'état
lumineux des animaux vivans dépend d'une irritation des nerfs. J'ai
vu un *elater noctilucus* qui se mou-
roit, répandre une forte lueur lorsque je touchois avec de l'étain et de
l'argent ses extrémités antérieures.

*(6) Vit dans les poumons du
serpent à sonnettes des tropiques*, p. 10.

L'animal auquel je donne dans
mon Mémoire le nom *d'échyno-*

rynchus, m'a paru, après un examen plus exact, appartenir à la division des distomes qui, selon Zeder, sont entourées d'une rangée de petits crochets. Il habite les intestins et les vastes cellulles pulmonaires du *crotalus durissus*, qu'on trouve quelquefois à Cumana, même dans l'intérieur des maisons, et qui attrape les souris. L'ascaride du lombric *(a)* vit ordinairement sous la peau du ver de terre; c'est la plus petite espèce de ce genre. Le *leucophra nodulata*, ou l'animal perlé de Gleichen, a été observé par Müller dans l'in-

(*a*) Goez , vers intestinaux (en allemand), partie 4, fig. 10.

térieur du *naïs littoralis (a)*. Il est vraisemblable que ces êtres microscopiques servent à leur tour de demeure à d'autres. Tous sont entourés de couches d'air presque dépourvues d'oxygène, mais contenant des mélanges d'hydrogène et d'acide carbonique. Il est très-douteux qu'un animal vive dans l'azote pur; jadis on le croyoit du *cistidicola farionis* de Fischer, parce que, d'après les expériences de M. Fourcroy, la vessie natatoire des poissons paroissoit contenir un air entièrement dépouillé d'oxigène. Mais Erman a récemment démontré avec beaucoup de sagacité que la

(a) Mulleri Zoologia Danica, t. 11, pl. 80, fig. a — e.

vessie des poissons d'eau douce ne renfermoit presque pas d'azote pur.

Dans les poissons de mer on trouve jusqu'à 0,80 d'oxygène; et suivant M. Biot, la pureté de l'air dépend de la profondeur à laquelle les poissons vivent (*a*).

(7) *Des Néréides réunies*, p. 12.

Suivant Linné et Ellis, les zoophytes calcaires, tels que les tubipores, les millepores et les madrépores sont habités par des animalcules qui ont quelqu'analogie avec

(*a*) Mémoires de la Société d'Arcueil, t. 1, p. 252-281.

les néréides, les méduses , et les hydres ; mais des recherches plus récentes ont fait voir que tous les coraux qui forment des rochers , autrement les lithophytes saxigènes des zoologistes françois , et même le *pavonia cariophyllea* et le *nullipora* de M. Lamarck, servent d'habitation à des mollusques gélatineux d'une espèce particulière , ou s'en trouvent entourés. Depuis le voyage de Cook, les observations de Forster ont fait naître l'idée aux géologues que plusieurs îles et des pays entiers devoient leur origine au corail produit par ces animalcules. J'ai vu de ces îles de corail couvertes d'une végétation chétive , et je ne doute pas qu'une grande partie de celles du grand océan , n'aient été formées de cette manière. Cependant il me paroît qu'on a donné trop d'extension à cette hypothèse. Dans les Antilles, par exemple, des rochers de pierre calcaire à couches, qui contiennent des madrépores et des tubipores pétrifiés, ont été pris pour des ouvrages récens des animalcules du corail, uniquement parce qu'ils se trouvent dans des parages où l'on observe encore des vers semblables. Mais quand on pénètre dans l'intérieur des grandes Antilles, on rencontre des montagnes de roche primitive qui, à une grande hauteur, sont entourées de ces mêmes madrépores. Par conséquent ces rochers sont sortis du chaos du monde primitif. Si l'on trouvoit des rochers de corail sur les bords de la mer Baltique, le géologue ne balanceroit pas à les ranger avec les couches de calcaire du Jura, qui, sur le mont Bolca, renferment des poissons de la zone torride. Entre les tropiques, sur les rivages du golfe du Mexique, le voyageur court le risque de confondre avec d'anciens bancs de corail, des couches de calcaire qui sont remplies de corail pétrifié.

(8) *Les traditions de la Samothrace*, p. 19.

Diodore nous a conservé cette tradition mémorable dont la vraisemblance se change en certitude

BIBLIOTHÈQUE ROYALE

historique pour le géologue. L'île de Samothrace étoit habitée par le reste d'un peuple primitif qui avoit sa langue particulière, dont les mots furent encore long-temps après en usage dans les cérémonies des sacrifices. La situation de cette île proche des Dardanelles, fait concevoir aisément comment la tradition plus circonstanciée de la grande catastrophe de l'irruption des eaux s'y étoit précisément conservée. Les Samothraciens racontoient que la mer Noire avoit été un lac, qui, gonflé par l'amas des eaux qu'il recevoit, s'étoit fait jour à travers le Bosphore, puis à travers l'Hellespont, long-temps avant les inondations dont il est question chez les autres peuples *(a)*. M. Dureau de la Malle , dans son ouvrage intitulé : Géographie physique de la mer Noire, de l'intérieur de l'Afrique et de la Méditerrannée *(b)* , a réuni avec beaucoup de sagacité, tout ce que l'on sait sur ces anciennes révolutions de la nature.

(9) *La précipitation des nuages,*
p. 22.

Le courant d'air ascendant est une des causes principales des phénomènes météorologiques les plus importans. Quand une

(*a*) Diod. de Sicile, lib. 5 , ch. 47 , p. 368 , ed. de Wesseling.
(*b*) Paris , 1807.

plaine sablonneuse dénuée de plantes est bornée par une chaîne de montagnes élevées, on voit le vent de mer pousser par-dessus ce désert, des nuages épais qui ne se dissolvent que lorsqu'ils sont arrivés aux montagnes. Jadis on expliquoit ce phénomène d'une manière peu exacte, en disant que les chaînes de montagnes attiroient les nuages. La véritable cause paroît en être dans cette colonne d'air chaud ascendant qui s'élève de la surface de la plaine sablonneuse, et qui empêche les vapeurs de se dissoudre. Plus une surface est dépourvue de végétation, plus le sable s'échauffe, plus les nuées s'élèvent, moins par conséquent la dissolution doit s'opérer. Toutes ces causes cessent d'agir sur le penchant des montagnes. Le jeu du courant d'air perpendiculaire y est plus foible. Les nuées s'abaissent et se résolvent en pluie dans les couches d'air plus fraîches. Ainsi, le manque de pluie et le défaut de plantes réagissent réciproquement l'un sur l'autre. Il ne pleut pas parce que la surface sablonneuse nue et privée de végétation, s'échauffe davantage, et réfléchit plus de chaleur ; et le désert ne devient pas une *steppe* ou une savane, parce que sans eau il ne peut y avoir de développement organique.

(10) *La masse de la terre en se durcissant et dégageant de la chaleur*, p. 25.

Lorsque, suivant l'hypothèse des géologues, toutes les roches tenues en dissolution dans un fluide , se précipitèrent ; ce passage de l'enveloppe de la terre, d'un état fluide à un état solide , dut dégager une quantité énorme de calorique qui occasionna une nouvelle évaporation et de nouveaux précipités. Ceux-ci durent se faire plus promptement , plus confusément et affecter des formes moins crystallines , à mesure qu'ils eurent lieu plus tard. Un pareil dégagement soudain de calorique, provenant de l'enveloppe de la terre, à mesure qu'elle se durcissoit, indépendamment de la position de son axe et indépendamment de la hauteur du pôle, pour chaque point de la surface, pouvoit occasionner une élévation de la température de l'atmosphère que plusieurs phénomènes géologiques mystérieux semblent indiquer. J'ai développé en détail mes conjectures sur cet objet dans un petit mémoire sur la porosité primitive. Cet écrit a été inséré dans le Journal minéralogique de M. de Moll (en allemand).

(11) *Celles de la partie la plus méridionale du Mexique,* p. 26.

La roche de diabase à couches

concentriques observée dans les montagnes de Guanaxuato, est entièrement semblable à celle des monts Euganiens. Toutes deux forment des masses bizarres posées sur des roches primitives. De même la pierre perlée, le schiste phonolitique, et le porphyre à base de résinite présentent la même forme dans les royaumes de la Nouvelle-Espagne près de Cinapecuaro et de Moran, en Hongrie, en Bohême, et dans le nord de l'Asie.

(12) *Le dragonier d'Orotawa,* p. 31.

Cet arbre gigantesque (*dracœna draco*) est aujourd'hui dans le

jardin de M. Franchi, dans la
petite ville d'Orotava, appelée jadis Taoro, l'un des endroits les
plus délicieux du monde cultivé.
En juin 1799, lorsque nous gra-
vîmes le pic de Ténériffe, nous
trouvâmes que ce végétal énorme
avoit quarante-cinq pieds de circonférence un peu au-dessus de la
racine. G. Staunton prétend qu'à
dix pieds de hauteur, il a douze
pieds de diamètre. La tradition
rapporte que ce dragonier étoit
révéré par les Guanches, comme
l'orme d'Ephèse par les Grecs;
et qu'en 1402, lors de la première expédition de Bethencour,
il étoit aussi gros et aussi creux
qu'aujourd'hui. En se rappelant
que le dragonier a partout une

croissance très-lente, on peut con-
clure que celui d'Orotava est extrêmement âgé. C'est sans contredit, avec le baobab, un des plus
anciens habitans de notre planète.
Il est singulier que le dragonier
ait été cultivé depuis les temps les
plus reculés dans les îles Canaries, dans celles de Madère et de
Porto-Santo, quoiqu'il vienne ori-
ginairement des Indes. Ce fait
contredit l'assertion de ceux qui
représentent les Guanches comme
une race d'hommes atlantes, entièrement isolée et n'ayant aucune
relation avec les autres peuples de
l'Asie et de l'Afrique. La forme
des dragoniers est répétée à la
pointe méridionale de l'Afrique,
dans l'île de la Réunion, en Chine

et à la Nouvelle-Zélande. Dans ces contrées si distantes, on trouve des espèces de cette famille, mais on n'en voit aucune dans le nouveau continent, où cette forme est remplacée par l'yucca ; car le *dracœna borealis* d'Aiton est un véritable convallaria, et il a entièrement le port de ce dernier genre.

(13) *Les différentes espèces de plantes qui sont déjà connues*, p. 32.

Il y a trois questions qu'il faut séparer avec soin. 1°. Combien d'espèces de plantes a-t-on déjà décrites dans les ouvrages imprimés ? 2°. Combien y en a-t-il de

découvertes? 3º. Combien peut-
on supposer qu'il en existe sur la
terre? L'édition du *Systéme des
végétaux* de Linné, mise au jour
par Murray, n'en contient, avec
les cryptogames, que 10,042 espèces. Wildenow, dans son excel-
lente édition du *Species plantarum,* publiée de 1797 à 1807, en
a déjà décrit 17,457 espèces dans
les 23 premières classes, qui com-
prennent seulement les phénero-
games ou plantes dont les parties
de la fructification sont visibles à
l'œil nu. Si l'on ajoute à ce nombre celui de 3000 espèces cryptogames, le total sera de 20,000.
Mais outre les espèces déjà décrites
dans les livres, il y en a au moins
8000 dont la description est faite,

mais non publiée, dans les herbiers
de MM. Ruiz, Pavon, Née,
Sesse, Mutis, dans les herbiers
des François et des Anglois, dans
le mien et dans celui de M. Bonpland. Ainsi le nombre des espèces
reconnues comme distinctes par
les botanistes, me paroît passer
28,000. Si l'on considère que nous
ne connoissons pas, dans l'Amérique du sud, le Brésil, Buenos-
Ayres, la pente orientale des Andes, Santa-Cruz de la Sierra, et
toute la contrée comprise entre
l'Orénoque, Rio-Negro, le fleuve
des Amazones et Puruz; et dans
le centre et dans l'est de l'Asie, le
Thibet, la Bucharie, la Chine et
Malacca; que nous savons à peine
quelque chose de l'Afrique et de

la Nouvelle-Hollande, on est involontairement porté à croire que nous ne connoissons pas encore le tiers, ni même probablement le cinquième des plantes qui existent sur la terre. Qu'on fasse seulement attention aux nouveaux genres, qui, la plupart, sont de grands arbres, et qu'on a découverts depuis 3oo ans près des grandes villes de commerce dans les petites Antilles, fréquentées par les Européens. Cependant de ces 28,ooo espèces connues, on en cultive à peine 6 à 7ooo dans nos jardins de botanique d'Europe.

(14) *La hauteur de l'océan aérien et sa pression n'ont-elles
pas toujours été les mêmes?*
pag. 38.

La pression de l'atmosphère a
une influence frappante sur la configuration et la vie des végétaux.
Chez eux la vie, comme chez les
lithophytes qui renferment des pierres mortes, se porte au-dehors.
Les végétaux vivent principalement par leur surface; delà leur
grande dépendance du milieu qui
les entoure. Les animaux obéis-
sent plutôt à des *stimulus* inté-
rieurs, et se donnent la température qui leur convient. La respira-

tion par l'épiderme est la plus importante fonction vitale des plantes, et cette fonction, en tant qu'elle sert à évaporer et à secréter des fluides, dépend de la pression de l'atmosphère. C'est pourquoi les plantes des Alpes sont plus aromatiques, plus garnies de poils et couvertes de nombreux vaisseaux secrétoires. Car d'après les expériences zoonomiques, les organes sont d'autant plus multipliés et plus parfaits, qu'ils peuvent plus aisément remplir leurs fonctions; c'est ce que j'ai développé dans mes recherches sur l'irritation des muscles, tom. II. Aussi les plantes des Alpes croissent-elles avec difficulté dans les plaines où leur respiration par l'épiderme est dérangée, parce que la pression de l'air y est plus forte.

On ne sait si l'océan aérien qui entoure notre planète a toujours exercé la même pression. Nous ne savons même pas si depuis cent ans la hauteur moyenne du baromètre a toujours été la même dans le même endroit. Les expériences de Poleni et de Toaldo donneroient sujet de penser que cette pression éprouve des changemens. On a long-temps révoqué en doute la justesse de ces observations; mais les recherches récentes de l'astronome Carlini ont démontré que la hauteur moyenne du baromètre décroît à Milan.

(15) *Les palmiers*, 39 p. 39.

Je vais insérer ici des remarques, que j'écrivis en mars 1801, à bord du navire qui nous transporta de l'embouchure de *Rio-Sinu* à Carthagena de Yndias. Nous venions de quitter cette contrée si féconde en palmiers.

« Depuis deux ans nous avons vu dans l'Amérique du sud plus de 27 espèces différentes de palmiers. Quelle quantité Thunberg, Banks, Solander, les deux Forster, Adanson, Sonnerat, Jacquin et Kœnig n'en auront-ils pas observé dans leurs voyages lointains! Cependant nos systêmes botaniques connoissent à peine quatorze à dix-huit espèces de palmiers décrites complètement. La difficulté est ici beaucoup plus grande qu'on ne pourroit l'imaginer. Nous nous en sommes aperçus d'autant plus aisément, que nous avons dirigé principalement notre attention sur les palmiers, les graminées, les scitaminées et les autres familles les plus négligées. Les premiers ne fleurissent qu'une fois l'an, et près de l'équateur dans les mois de janvier et de février. Tous les voyageurs ont-ils la possibilité de se trouver précisément à cette époque dans les contrées où les palmiers sont communs? Dans quelques espèces, la durée de la floraison est limitée à un si petit nombre de

jours, que l'on arrive presque toujours trop tard, et que l'on voit
les palmiers avec leur germe gonflé, mais sans fleurs mâles. Dans
des espaces de 2000 milles carrés,
on ne trouve souvent que trois à
quatre espèces de palmiers. Qui
peut, à l'époque de la floraison, se
trouver à-la-fois dans tous les cantons où ils abondent, dans les
missions du *Rio-Carony*, et dans
les *morichalès* (*a*) à l'embouchure
de l'Orénoque, dans la vallée de
Caura et d'Erevato, sur les bords
de l'Atabapo et du Rio-Negro, ou

(*a*) Dans l'Amérique du Sud on
appelle morichalès un endroit humide garni de groupes de mauritia.

sur ceux du Duida. Ajoutez la difficulté de pouvoir atteindre aux fleurs de palmier, lorsque dans des forêts épaisses ou sur les bords fangeux des rivières, comme sur ceux du Temi et du Tuamini (a), on les voit pendre de soixante pieds de hauteur, et que le tronc de l'arbre est armé d'aiguillons redoutables. L'Européen qui se prépare à faire un voyage pour étudier l'histoire naturelle, se fait des illusions sur des instrumens tranchans et recourbés qui, fixés à l'extrémité d'une perche, abattent

(a) Deux petites rivières qui se jettent dans l'Atabapo , et par lesquelles on va de l'Orénoque aux missions de Rio-Negro.

tout ce qui fait obstacle ; ou s'ima-
gine que des nègres, les deux pieds
fixés par une corde, pourront
grimper aux arbres les plus élevés.
Malheureusement toutes ces espé-
rances sont déçues. Dans la Guayane, on se trouve au milieu d'hommes que leur pauvreté rend si
riches et si au-dessus de tous les
besoins, que ni argent, ni offre de
présens ne peut les engager à s'é-
carter de trois pas de leur chemin.
Cette apathie indomptable des naturels irrite d'autant plus les Européens, qu'on les voit gravir avec
une légèreté incroyable partout
où les pousse leur penchant; par
exemple pour saisir un singe qui,
blessé d'une flèche, se soutient
encore par l'extrémité de sa queue

roulée autour d'une branche. Nous
vîmes au mois de janvier, dans les
promenades publiques, près de la
Havane, et dans les campagnes
voisines, toutes les cîmes du palmier, appelé palma-réal, couvertes de fleurs blanches comme la
neige. Plusieurs jours de suite nous
offrîmes, à tous les petits nègres
que nous rencontrions dans les
rues de Regla ou de Guanavacoa,
deux piastres pour chaque rameau
de fleurs mâles qu'ils nous rap-
porteroient; ce fut en vain. Sous
les tropiques, un homme libre se
soustrait à tout espèce d'ouvrage
pénible, à moins qu'il ne soit réduit à l'extrême nécessité. Les botanistes et les peintres de la com-
mission royale d'histoire naturelle

du comte de Monpox, MM. Este·
vez, Boldo, Guio et Echeviria,
nous ont avoué que durant plusieurs années ils n'avoient pu exa-
miner ces fleurs, n'ayant pu y
atteindre. Quand on aura bien pesé
ces difficultés, on comprendra
aisément ce qui m'auroit toujours
paru incompréhensible en Europe; comment dans l'espace de deux
ans, nous n'avons pu décrire sys-
tématiquement que onze espèces
de palmiers. Qu'il seroit intéressant l'ouvrage qu'un botaniste pu-
blieroit sur ces végétaux, si pendant son séjour dans l'Amérique
du sud il s'occupoit exclusivement
de leur étude, et représentoit le
spathe, le spadix, les parties de la
fructification et les fruits dans leu

grandeur naturelle! Les feuilles, il est vrai, affectent en général une forme assez constante, elles sont ou pinnées (pinnata), ou en éventail (palmato-digitata); le pétiole est tantôt sans piquans, tantôt épineux et dentelé en scie. La figure des feuilles du *caryota urens* est presqu'unique parmi les palmiers, comme celle des feuilles du gingko biloba l'est parmi les autres arbres. Le port et la physionomie des palmiers offrent un grand caractère très-difficile à exprimer par le langage. La tige est tantôt difforme et très-épaisse *(corozo del sinu)*, tantôt elle est foible et n'a que la consistance du roseau *(piritu)*; ou bien elle est renflée par le bas *(cocos)*, ou lisse, ou écailleuse *(palma de Covija o de Sombrero* dans les *llanos)*, ou garnie de piquans *(corozo de Cumana)*. Des différences caractéristiques sont placées dans les racines qui, très-saillantes hors de terre comme dans le figuier, élèvent la tige sur une espèce d'échafaudage, ou l'entourent en bourrelets multipliés. Quelquefois la tige est renflée dans le milieu, et plus mince en dessus et en dessous, comme dans le palmaréal de l'île de Cuba. Les feuilles sont d'un vert foncé luisant *(moriche cocos)*, ou d'un blanc argenté en dessous; par exemple dans le miraguama ou palmier en éventail si grêle, que nous trouvâmes, près de Puerto de la Trinidad de Cuba; quelquefois, le

milieu de la feuille en éventail est orné de raies concentriques jaunes et bleuâtres, disposées comme les yeux de la queue d'un paon. C'est ce qu'on voit dans le mauritia épineux, que M. Bonpland a découvert sur les bords du Rio-Atabapo.

Un caractère non moins important, est la direction des feuilles. Les folioles sont ou placées comme les dents d'un peigne, très-serrées les unes contre les autres et couvertes d'un parenchyme très-roide; c'est ainsi qu'elles sont dans le cocotier et le dattier, et c'est ce qui produit ces beaux reflets de lumière sur la surface supérieure des feuilles, qui est d'un vert plus frais dans le

cocotier , plus mat et comme
cendré dans le dattier ; ou bien le
feuillage ressemble à celui des
roseaux par son tissu composé de
fibres minces et souples , et se
recourbant sur lui-même. Dans le
cocotier et dans tous les palmiers à
feuille digitée , c'est le pétiole
même qui est courbé , tandis que
dans le jagua , dans le palma-
réal etc. , ce sont les folioles dont
la pointe est frisée. Dans les palmiers , c'est non – seulement la
tige élancée qui a de la majesté,
mais encore la direction des feuilles. Plus elles sont redressées, plus
l'angle intérieur qu'elles forment
par le bas avec l'extrémité supérieure du tronc est aigu , plus la
figure de l'arbre a un caractère

élevé. Quelle différence d'aspect entre les feuilles pendantes du palma de Covija de l'Orénoque, même entre celles du dattier et du cocotier, et entre les branches du jagua et du pirijao qui pointent vers le ciel ! La nature a prodigué toutes les beautés de formes au palmier jagua qui couronne les rochers granitiques des cataractes d'Aturès et de Maypurès. Leurs tiges élancées et lisses atteignent une hauteur de soixante à soixante-dix pieds, de sorte que suivant l'expression de M. Bernardin de Saint-Pierre, elles s'élèvent en portique au-dessus des forêts. Cette cime aérienne contraste d'une manière surprenante avec le feuillage épais des *ceiba*, avec les forêts de lauriers et de melastomes qui l'entourent. Les feuilles peu nombreuses de ces palmiers, (quelques-uns n'en ont que sept à huit) ont quatorze à seize pieds de longueur, et s'élèvent presque verticalement ; leurs extrémités sont frisées en panache, couvertes d'un parenchyme mince et herbacé ; les folioles légères et aériennes voltigent autour des pétioles qui se balancent lentement. C'est au-dessous de la naissance des feuilles que dans tous les palmiers les parties de la fructification naissent de la tige. La manière dont elles paroissent, modifie aussi la forme de ces arbres. Dans un petit nombre, le spathe est perpendiculaire, et les fruits redressés sont disposés en une

espèce de thyrse ressemblant au
fruit des ananas ; tel est le corozo
du Sinu. Dans la plupart, les
spathes, tantôt lisses, tantôt très-
rudes, sont pendans ; dans quelques-
uns la fleur mâle est d'un blanc
éblouissant. Le spadix développé,
brille au loin ; mais la plus grande
partie des fleurs mâles sont jaunâtres, très-serrées les unes contre
les autres, et presque flasques,
lorsqu'elles se dégagent du spathe.
Dans les palmiers à feuilles pinnées,
les pétioles sortent de la partie
sèche, rude et ligneuse du tronc,
(comme dans le cocotier et le
dattier), ou bien celui-ci porte
une espèce de tige lisse, mince et d'un vert tendre, qui
donne naissance aux feuilles, (le

palma-réal de la Havanne). Dans les palmiers à feuilles palmées, le feuillage touffu est souvent posé sur une couche de feuilles désséchées, ce qui donne à ces végétaux un caractère mélancolique, (moriche, palma de Sombrero de la Havana). Dans quelques palmiers en forme de parasol, le feuillage ne consiste qu'en quelques feuilles peu nombreuses qui s'élèvent à l'extrémité de pétioles grêles (miraguama). La conformation et la couleur des fruits offrent plus de diversité qu'on ne le croit en Europe. Le mauritia porte des fruits oviformes, dont l'enveloppe écailleuse , brune et lisse leur donne de la ressemblance avec les jeunes pommes de pin. Quelle différence entre l'énorme coco triangulaire, la datte, et le petit fruit dur du corozo! Mais aucun fruit de palmier n'égale en beauté celui du pirija de San-Fernando de Atabapo et de San-Baltazar. Il est ovale et, comme les pêches, coloré, moitié en jaune doré, moitié en rouge foncé ; on voit des grappes de ces fruits pendre du haut de la tige d'un palmier majestueux. »

« Trois formes d'une beauté remarquable sont propres aux pays de la zone torride, dans toutes les parties du monde : les palmiers, les bananiers et les fougères arborescentes. C'est lorsque la chaleur et l'humidité agissent en même temps, que la végétation est la plus vigoureuse, et que les formes sont les plus variées. C'est pourquoi l'Amérique du Sud est la patrie des plus beaux palmiers. En Asie cette forme est plus rare, parce que la partie de ce continent qui étoit sous l'équateur, paroît avoir péri dans les anciennes révolutions de notre planète. Nous ne savons rien des palmiers d'Afrique depuis la baie de Benin, jusqu'à la côte d'Ajan. En général nous ne connoissons qu'un très-petit nombre de palmiers de cette partie du monde. Parmi ces végétaux, les dattiers, les *mauritia* et le palmiste croissent en société ; les cocos de Guinée, le martinezia et le triartea vivent solitaires.

Les palmiers fournissent les exemples de la plus grande hauteur à laquelle parviennent les végétaux. Le palmier à cire, que nous avons découvert sur les Andes, dans la montagne de Quindiu entre Ibague et Carthago, atteint la hauteur énorme de cent soixante à cent quatre-vingts pieds. Les troncs gigantesques d'eucalyptus, que M. la Billardière a mesurés, dans l'île de Van-Diemen, n'ont que 150 pieds de haut. — Voyez le 1.er vol. de nos Plantes équinoxiales, p. 5.

(16) *Dès l'enfance de sa civilisation*, p. 43.

On trouve dans tous les pays

de la zone torride la culture du bananier établie depuis les temps les plus anciens, dont parlent les traditions et les histoires. Il est certain que les esclaves africains ont porté en Amérique quelques variétés de la banane, et il ne l'est pas moins qu'elle étoit cultivée dans le Nouveau-Monde, avant l'arrivée de Colomb. A Cumana, les Indiens Guaikeri nous ont raconté que sur la côte de Paria, près du golfe Triste, lorsqu'on laissoit mûrir le fruit du bananier, il portoit quelquefois des semences qui germoient. C'est pourquoi, nous dirent ils, on trouve dans l'épaisseur des forêts de Paria des bananiers sauvages, provenus de semences mûres que les oiseaux y ont répandues. Dans Cumana aussi, on a quelquefois trouvé dans les bananes des semences bien formées. — Voyez mon Essai sur la géographie des plantes, p. 29.

(17) *La forme des malvacées,*
p. 44.

Adanson exprime sa surprise de ce qu'aucun des anciens voyageurs n'a fait mention du gigantesque baobab. Cependant dès 1504 Aloysio Cadamusto a parlé du grand âge de ces arbres, dont la hauteur, dit-il, n'est pas en proportion avec la grossseur. « *Quarum eminentia altitudinis non quadrat magnitudini (a).* » Adanson a

(a) Cadamusti navigatio, ch. 43.

trouvé des boababs, dont le tronc étoit haut de 10 à 12 pieds, et qui avoient 77 pieds de circonférence. Leurs racines étoient longues de 110 pieds. D'autres écrivains parlent encore de dimensions plus grandes. Sir Georges Staunton a vu aussi des baobabs aux îles du Cap-Vert; leur circonférence étoit de 56 pieds. Il faut se rappeler que le baobab, ainsi que la famille du *bombax* et de l'*ochroma*, croît beaucoup plus promptement que le dragonier; la végétation de celui-ci est très-lente. Les platanes que M. Michaux a trouvés près de Marietta sur les rives de l'Ohio, ont à-peu-près le même diamètre que le célèbre dragonier d'Orotava (*a*). A 20 pieds d'élévation, leur tronc a 47 pieds de circonférence. Mais probablement ces platanes sont parvenus à cette grosseur en dix fois moins de temps qu'il n'en auroit fallu à un dragonier pour y atteindre.

Les végétaux qui, dans toutes les parties du monde, acquièrent la dimension la plus grande, sont l'if, le chataigner, plusieurs espèces de bamboux, les mimosa, les cæsalpinia, les figuiers, les acajous, les courbarils, le cyprès à feuilles d'acacia et le platane occidental.

(*a*) Voyage à l'ouest des monts Alléghanys. Paris , 1804 , p. 93.

Voyez le troisième chapitre de la deuxième partie de mon voyage aux pays du tropique. Dans l'île de Cuba, on a vu de superbes planches d'acajou de 35 pieds de long, et de 9 pieds de large.

(18) *La forme des mimosa*, p. 45.

Les feuilles finement pinnées des *mimosa*, des *acacias*, des *desmanthus* et des *schrankia*, sont une forme que les végétaux affectent particulièrement entre les tropiques. Cependant on trouve ailleurs que dans la zone torride, quelques représentans de cette forme. Dans l'hémisphère septentrional de l'ancien continent, ce n'est qu'en Asie que j'en puis indiquer un seul ; c'est un petit arbuste, décrit par M. Marschal de Biberstein sous le nom d'*acacia stephaniana*. Cette plante qui vit en société couvre les plaines arides de la province de Schirvan, le long du Kur (Cyrus), près du nouveau Schamach, jusqu'à l'Arass (l'Araxes des anciens.) Cet acacia à feuilles bipinnées, dont Buxbaum a fait mention, croît dans le nord jusque sous le 42e. parallèle (*a*). En Afrique, le gommier (acacia gummifera) remonte jusqu'à Mogador, c'est-à-dire jusqu'au 32e.

(*a*) Tableau des provinces situées sur la côte occidentale de la mer Caspienne, entre les fleuves Terek et Kour, 1798, p. 58, 120 parallèle nord. Au Japon, l'acacia nemu couvre les environs de Nangasaki. Dans le Nouveau-Continent, l'*acacia glandulosa*, de M. Michaux, et l'*acacia brachyloba* de Wildenow, ornent les rives du Mississipi et du Ténessée, ainsi que les savanes des Illinois. M. Michaux vit le *schrankia uncinata*, depuis la Floride jusqu'en Virginie, c'est-à-dire jusqu'au 37.° degré de latitude boréale. Suivant Barton le *gleditsia triacanthos* se trouve à l'est des monts Alléghanys jusqu'au 38.° parallèle, et à l'ouest jusqu'au 41.° Le *gleditsia monosperma* cesse à deux degrés plus au sud. Voilà la limite où s'arrête la forme des mimosa dans la partie septentrionale du globe; dans

la partie méridionale nous trouvons, au-delà du tropique du capricorne, des acacias à feuilles simples jusque dans l'île de Van-Diemen; et même le mimosa caven de
Molina, assez imparfaitement décrit, croît au Chili entre les 24.ᵉ
et 37.ᵉ parallèles sud (*a*). L'espèce
de mimosa qui a les feuilles le
plus finement découpées, est l'*acacia microphylla* indigène de la
province de Caraccas. Jusqu'à présent aucun mimosa véritable, en
prenant ce nom dans le sens déterminé par Wildenow, ni aucun
inga, n'ont été découverts dans les
zones tempérées. Parmi les acacias,

(*a*) Molina, hist. nat. du Chili,
p. 148.

celui nommé julibrisin par Sco-
poli, qui est indigène du levant,
et que Forscael a confondu avec le
mimosa arborea, supporte le plus
grand degré de froid. A Padoue,
où le degré moyen de chaleur est
10,8, on voit en plein air, dans
le jardin botanique, un arbre de
cette espèce qui est d'une grosseur
et d'une hauteur considérables.

(19) *Les éricées*, pag. 46.

Dans la partie orientale du nord
de l'Asie, les plantes éricées com-
mencent à n'être plus si communes
qu'en Europe. Selon Pallas, on ne
trouve en Sibérie que dix espèces
d'andromeda, et aucune autre
bruyère que l'*erica vulgaris*, « qui,

« dit-il, devient sensiblement plus
« rare au-delà des monts Ural, se
« voit à peine dans les campagnes
« d'Isète, et manque entièrement
« dans la Sibérie ultérieure. » *Quæ,
ultra Uralense jugum sensim
deficit, vix in Isetensibus cam-
pis rarissime apparet, et ulte-
riori Sibiriæ plane deest (a).*
Mais des recherches plus appro-
fondies ont fait apercevoir que
plusieurs de ces andromedas de
Pallas étoient de véritables bruyères, par exemple les *erica bryan-
tha* et *stelleriana* de Wildenow
qui croissent jusqu'au Kamtschat-
ka. La première se trouve même

(a) Flora rossica, t. 1, pars II.
p. 53.

dans l'île de Bering. Dans les îles du grand océan, on n'a encore découvert aucune bruyère.

(20) *La forme des cactus*, p. 48.

Quand on est habitué à n'observer les cactus que dans nos serres chaudes, on est frappé d'étonnement en voyant à quel degré de densité peuvent parvenir les vaisseaux ligneux des vieilles tiges de cactus. Les naturels de l'Amérique savent que le bois de cactus est incorruptible, et qu'il est excellent pour faire des rames et des seuils de porte. Aucune physionomie de plante ne produit sur un étranger une impression plus extraordinaire que celle que lui fait éprouver une plaine aride comme celles que l'on voit près de Cumana, de Nueva Barcellona, de Coro, et dans la province de Jaen de Bracamoros, couvertes de nombreuses tiges de cactus qui s'élèvent comme des colonnes, et se divisent par le haut comme des candélabres. Dans l'ancien continent, surtout en Afrique, et dans les îles voisines, quelques espèces d'euphorbes et de cacalia, représentent à-peu-près la forme des cactus qui tous sont américains.

(21) *Les Orchidées*, p. 49.

La ressemblance que présentent les fleurs des orchidées avec la forme des insectes est surtout frappante, dans les *epidendron mos-*

quito et *torito*, plantes fameuses de l'Amérique-Méridionale ; dans l'*anguloa* , ou fleur du Saint-Esprit (*a*), dans le *bletia*, et dans la singulière famille de nos ophrys d'Europe, *O. apifera*, *O. aromifera*, *O. arachnites*. Quelle quantité précieuse d'orchidées à fleurs superbes, ne doit pas contenir l'intérieur de l'Afrique, s'il est abondant en sources !

(22) *Les Casuarinées*, p. 5o.

Le *casuarina equisetifolia* représente particulièrement cette forme, et est indigène de l'Asie-

(*a*) Floræ Peruvianæ Prodromus, p. 118, tab. 26.

Méridionale et des isles du grand Océan. Quatre autres espèces sont propres à la Nouvelle-Hollande. L'espèce nouvellement découverte, appelée *casuarina quadrivalvis*, par Labillardière, croît dans l'île de Van - Diemen jusqu'au quarante-troisième parallèle austral.

(23) Les arbres résineux,
p. 51.

J'ai été témoin de l'impression singulière qu'une forêt de sapins du Mexique produisit sur un jeune homme, qui, né sous l'équateur, n'avoit jamais vu ce que les botanistes appellent des feuilles acéreuses. Tous ces arbres lui semblèrent être dégarnis de feuilles, et il croyoit, dans cette contraction extrême des parties, reconnoître l'influence du voisinage du pôle. Si dans les régions de la zone torride, le sol ne s'élevoit pas quelquefois à mille ou à quinze cents toises au-dessus du niveau de la mer, cette forme d'arbres y seroit entièrement inconnue, au moins dans le voisinage de l'équateur. Le pinus *longifolia* des Indes, et le pinus *dammara* d'Amboine, sont à la vérité des arbres des tropiques, mais ils ne croissent que sur de hautes montagnes. Dans toute l'Amérique du Sud, située dans la zone torride, je n'ai pu, malgré la hauteur des Andes, découvrir une seule espèce de pin. Nous trouvâmes dans les Andes de

Quindiu un arbre à feuilles acéreuses; mais c'étoit un if, de l'espèce que nous avons appelée *taxus montana (a)*. Existe-t-il en général des sapins ou des pins dans l'Amérique du sud, par exemple , au Chili , dans le royaume de Buenos-Ayres, et dans le voisinage du détroit de Magellan *(b)*? Au Chili, et comme

(*a*) Wildenow Species plantarum , t. 4 , part. 2 , p. 857.

(*b*) Qu'est-ce qu'un cyprès de douze à quinze pieds de haut, et le palma magellanica , qui a des feuilles comme celles du dattier ? Ces deux végétaux problématiques sont mentionés , p. 316 , de la relation du voyage au détroit de Magellan , imprimée en espagnol à Madrid , en 1787. — Il est surprenant de voir

nous l'a appris l'expédition récente
de M. le comte de Hofmansegg au
Brésil *l'araucaria imbricata* représente la forme des arbres résineux. Voyez *mon Essai sur la géographie des plantes* , pour ce qui
concerne les limites supérieures et
inférieures du sapin du Mexique,
qui se rapproche plus du *pinus
occidentalis* que du *pinus strobus.*
Dans l'île de Pinos , au sud de
Cuba , un arbre voisin du *pinus
occidentalis* croît dans la même
plaine avec l'acajou : phénomène
singulier qu'on peut expliquer par
le voisinage et la configuration du ꙗ

un cyprès et un palmier près l'un de
l'autre par les 55°. de latitude australe.

continent de l'Amérique septentrionale , et par la fraîcheur que
répandent souvent dans l'atmosphère les tempêtes venant du
nord.

(24) *Les Aroïdes* , p. 52.

Ces végétaux appartiennent plutôt au nouveau continent qu'à l'ancien. Le *caladium* et le *pothos*
n'habitent que la zone torride , mais
l'*arum* appartient plus spécialement
aux zones tempérées. En Afrique
on n'a pas encore découvert de
pothos ni de *dracontium*. Dans
les Indes on trouve le *pothos scandens* et le *P. pinnata* , dont la
physionomie est moins belle , et la
végétation moins vigoureuse que

celles des *pothos* d'Amérique. L'Afrique , autant que nous la connoissons , ne produit que deux espèces d'*arum* , l'*A. colocasia* , et l'*A. arisarum*. C'est aussi de cette région qu'est indigène le *caladium*, espèce unique (*culcasia scandens*) que M. Beauvais a découvert dans le royaume de Benin (*a*). Dans les Aroides le parenchyme prend quelquefois tant d'extension , que la surface des feuilles est percée comme dans le *dracontium pertusum*.

(25) *Les lianes* , p. 53.

Le *bauhinia variegata* est l'es-

(*a*) Flore d'Oware, p. 4 , pl. 3.

pèce de ce genre qui croît le plus avant dans le nord. On la trouve à Madère. Le continent de l'Afrique a aussi le *bauhinia rubescens* de Lamark , et un *bannisteria ,* décrit par Cavanille sous le nom de ***B.** leone* qui croît à Sierra-leone.

(26) ***Les aloès ,*** p. 54.

C'est à cette famille qu'appartiennent l'*yucca aloefolia* et l'*yucca gloriosa ,* deux espèces qui s'avancent dans le nord jusqu'en Caroline ; l'*aletris arborea ,* le dragonier (*dracæna draco*) , le ***D.** indivisa* et le ***D.** austalis ,* ces deux dernières espèces son de la nouvelle Zélande ; l'*euphorbia anti-*

quorum et l'*aloe dichotoma*. Ce
dernier, le koker-boem des Hol-
landois, dont la tige a vingt pieds
de haut, quatre de grosseur, et une
couronne de feuilles, dont la circonférence est souvent de quatre
cents pieds, est décrit dans le
voyage de Paterson dans le pays
des Hottentots. C'est aussi ici que je
ferai mention de ce singulier végétal, le *doryanthes excelsa* de New-
south-wales, qui ressemble à l'aga-
ve, a une tige très-haute, et dont
M. Correa de Serra a donné la description. Les palmiers, les aloès et
les grandes fougères, ont une physionomie commune par la nudité

(*a*) Voyage de Patterson chez les
Hottentots, en 1790.

des troncs et leur dénûment de branches, quoique leur caractère naturel soit différent.

Le *Selinum decipiens*, qui vient peut-être du nord de l'Asie, a quelquefois douze pieds de haut. Il appartient à un groupe particulier d'ombellifères arborescentes, d'une forme extraordinaire, auquel avec le temps viendront se réunir des végétaux, qui restent encore à découvrir dans le nord de l'ancien continent. Ce groupe se rapproche en quelque sorte des fougères arborescentes.

(27) *Les graminées*, p. 55.

Les graminées arborescentes sont

en-général rares ; nous n'en connoissons qu'un petit nombre : tels
que le *bambou*, le *panicum arborescens*. Des bosquets de bambous sont disséminés dans toutes
les régions de la zone torride. Sur
les montagnes ils s'élèvent jusqu'à
sept cents toises.

(28) *Les fougères*, p. 56.

Les fougères arborescentes se
trouvent dans l'hémisphère boréal,
jusque sous le trente-troisième parallèle, et dans l'hémisphère austral
jusque sous le quarante-deuxième.
Il est singulier que dans les deux
hémisphères ce soient les *dicksonia*
qui s'approchent le plus de l'équateur. L'un, le *dicksonia culcita*,

se trouve à Madère, et l'autre, le *dicksonia antactica*, dont les tiges ont dix-huit pieds de haut, dans l'île de Van-Diemen.

(29) ***Les liliacées***, p. 58.

C'est surtout l'Afrique qui est la patrie de ces végétaux; c'est là qu'on en voit la plus grande diversité, qu'elles forment de grandes masses, et déterminent la physionomie du pays. Le nouveau continent possède les superbes genres des *alstrœmeria*, des *crinum* et des *pancratium*. Nous avons enrichi celui-ci de trois nouvelles espèces, les *pancratium quitense*, *triphyllum* et *tubulosum*. Mais ces liliacées d'Amérique sont dispersées, et vivent moins en société que nos iris d'Europe.

(30) *La forme des saules*, p. 58.

On connoît déjà cent seize espèces du genre principal, qui a donné le nom à cette forme. Ils couvrent la surface de la terre, de l'équateur à la Laponie. Leur nombre et la variété de leur extérieur augmentent depuis le quarante-sixième degré de latitude jusqu'au soixante-dixième, surtout dans les parties du nord de l'Europe, sillonées d'une manière si surprenante par les antiques révolutions du globe. Les tropiques n'offrent que deux saules récemment découverts, le *salix tetra-*

sperma de Roxburg, qui croît à la côte de Coromandel; et une espèce du Pérou que nous avons apportée, et que M. Wildenow a nommée *salix humboldtiana.* Peut-être le *salix mucronata* du cap de Bonne-Espérance s'avance-t-il jusqu'au tropique du capricorne? On n'a pas encore trouvé de saules dans les îles de la mer du sud.

(31) *Les myrthes,* p. 58.

Ces végétaux se distinguent par une forme délicate et par leurs feuilles roides, très-serrées, et ordinairement petites. Les myrthes donnent un caractère particulier à trois régions du monde: 1°. à l'Europe méridionale, et surtout aux îles composées de roche calcaire qui s'élèvent du fond de la mer Méditerrannée. 2°. Au continent de la Nouvelle Hollande, qui est orné d'*eucalyptus*, de *metrosideros*, et de *leptospermum*. 3°. A une contrée élevée de neuf à dix mille pieds au-dessus du niveau de la mer, au milieu de la zone torride : c'est-à-dire à la haute contrée des Andes. Ce pays montueux nommé Paramo, dans le royaume de Quito, et Puna, au Pérou, est entièrement couvert d'arbres qui ont le port du myrthe. C'est à cette élevation que croissent les *escallonia myrtillo* et *tubar*, l'*alstonia theœformis*, de nouvelles espèces de *myrica*, et le joli *myrtus microphylla* que nous

avons décrit dans le premier volume de nos Plantes équinoxiales,
p. 21, pl. 4.

(32) *Les Melastomées*, p. 58.

C'est à cette famille qu'appartiennent les genres melastoma, (le
fothergilla et le tocoro d'Aublet)
rhexia, meriana, osbeckia. Voyez
notre monographie des melastomes
et autres genres du même ordre
dont il a déjà paru huit cahiers.

(33) *La forme des lauriers*, p. 58.

On en voit des exemples dans le
laurier, le mammea, le calophyl-
lum ; elle appartient à la zone
torride et aux zones tempérées
jusqu'au trente-huitième et qua-

rantième degrés de latitude boréale. Entre les tropiques les lauriers sont des plantes alpines, comme on le voit par les *laurus alpigena, exaltata, triandra, coriacea, membranacea, patens, floribunda* et autres décrits à la Jamaïque par Swartz.

(34) *Le Gustavia*, p. 61.

Dans plusieurs espèces de chupo ou gustavia, de cynometra, et de theobroma, les parties délicates de la fructification naissent de l'écorce à moitié réduite en charbon. L'*omphalon procerum*, singulier arbre d'Afrique, que M. de Beauvais a trouvé dans le Benin, présente le même phénomène.

(35) *S'en couvrent la tête* , p. 63.

Les plus grandes fleurs qu'on connoisse après celles de l'helian-thus, sont celles de l'aristoloche , des datura, des barringtonia, des carolinea , des nelumbium , des gustavia, des lecythis , des lisian-thus, des magnolia, et des liliacées.

(36) *La voûte du ciel* , p. 64.

La plus belle partie de l'hémis-phère céleste austral, qui comprend le Centaure, le vaisseau Argo et la Croix méridionale , est toujours cachée aux habitans de l'Europe. Ce n'est que sous l'équateur qu'on jouit du coup-d'œil unique et

magnifique de voir en même temps
toutes les étoiles des deux hémisphères célestes. Quelques-unes de
nos constellations septentrionales,
telles que la grande et la petite ourse,
y paroissent, à cause de leur abaissement à l'horizon, d'une grosseur étonnante et presque ef-
frayante. L'habitant des tropiques
voit toutes les étoiles, et la nature
l'a aussi entouré de toutes les formes connues de végétaux.

CONSIDÉRATIONS

SUR

LES CATARACTES

DE L'ORÉNOQUE.

CONSIDÉRATIONS

SUR

LES CATARACTES

DE L'ORÉNOQUE.

Dans la dernière séance publique de cette académie (*a*), j'ai peint ces plaines immenses dont le caractère est diversement modifié par le climat ; qui tantôt, sont des

(*a*) Ce mémoire a été, ainsi que les précédens, lu dans les séances publiques de l'Académie de Berlin, en 1806 et 1807.

déserts privés de toute végétation ,
tantôt des steppes ou des savanes
couvertes d'herbes. Aux llanos de
la partie méridionale du nouveau
continent , j'ai opposé l'affreuse
mer de sable que renferme l'intérieur de l'Afrique , et à celle-ci ,
la steppe élevée de l'Asie centrale ,
séjour de peuples pasteurs et con-
quérans , qui jadis refoulés du
fond de l'Orient , ont répandu sur
toute la terre, la barbarie et la
désolation.

J'ai alors hasardé de réunir de
grandes masses dans le tableau de
la nature , et de présenter à cette
assemblée des objets dont le colo-
ris répondît à la disposition de nos
ames ; aujourd'hui me renfermant

dans un cercle plus circonscrit de phénomènes, je vais esquisser le tableau riant d'une végétation abondante et de vallées arrosées par des eaux écumeuses. Je décris deux grandes scènes que la nature a placées au sein de la Guayane, dans les solitudes d'Aturès et de Maypurès; ces cataractes de l'Oré-noque, si célèbres, mais, avant moi, peu visitées par les Européens.

L'impression que laisse en nous l'aspect de la nature, est moins déterminée par les détails particu-liers à un canton, que par le jour sous lequel se montrent les mon-tagnes et les plaines; tantôt éclai-rées par un ciel d'un bleu aérien, tantôt ne recevant qu'une lumière

terne à travers les nuées amonce-
lées. De même les peintures de
cet aspect varié produisent sur nous
un effet plus fort ou plus foible,
suivant qu'elles sont en harmonie
avec les besoins de notre sensibi-
lité; car c'est dans l'intérieur de
notre ame que se peint l'image
exacte et vivante du monde physique. Le contour des montagnes
qui, dans un lointain vaporeux,
bornent l'horizon, l'obscurité des
forêts de sapins, le torrent qui s'en
échappe et qui se précipite avec
furie au milieu des rochers sus-
pendus; en un mot, tout ce qui
constitue la physionomie d'un paysage, a eu de tout temps des rapports mystérieux avec la vie intérieure de l'homme.

De ce rapport découle la plus noble partie des jouissances que nous donne la nature. Nulle part elle ne nous pénètre plus du sentiment profond de sa grandeur , nulle part elle ne nous parle plus fortement que sous le ciel des Indes. C'est pourquoi si j'ose aujourd'hui présenter encore à cette assemblée un nouveau tableau de ces contrées, il m'est permis d'espérer qu'elle ne sera pas insensible à l'intérêt qu'il inspire. Le souvenir d'une terre lointaine et féconde , l'aspect d'une végétation libre et vigoureuse, rajeunissent et fortifient l'ame ; et oppressé par le présent, l'esprit aime à s'occuper de la jeunesse du genre humain et de sa sublime simplicité.

Les vents alisés et les courans qui portent à l'Occident, favorisent la navigation sur le tranquille bras de mer (1) qui remplit la vallée immense située entre le nouveau continent et l'Ouest de l'Afrique. Avant que la côte d'Amérique ne sorte de la surface arrondie des flots, on remarque le bouillonnement des vagues qui se croisent et se choquent en écumant. Les navigateurs qui ne connoissent pas ces parages, pourroient supposer le voisinage de bas-fonds, ou la sortie singulière d'une source d'eau douce, au milieu de l'Océan, comme on en voit une entre les Antilles (2).

Plus près de la côte granitique

de la Guayane, on aperçoit la vaste embouchure d'un grand fleuve qui paroît comme un lac sans bords, et de ses eaux douces couvre au loin l'Océan. Ses ondes verdâtres, ses vagues d'un blanc de lait au-dessus des écueils, contrastent avec le bleu foncé de la mer qui les coupe par une ligne bien tranchée.

Le nom d'Orénoque donné à ce fleuve, par ceux qui les premiers l'ont découvert, et qui doit sans doute son origine à une confusion de langage, est entièrement inconnu dans l'intérieur du pays. En effet, les peuples encore simples et grossiers ne distinguent, par des noms particuliers, que

les objets qui peuvent être confondus avec d'autres. L'Orénoque , la rivière des Amazones
et celle de la Madeleine , ne sont
appelées que le fleuve, quelquefois
le grand fleuve , la grande eau ;
mais les habitans qui vivent sur
leurs rives , désignent par des
noms propres , les plus petits
ruisseaux.

Le courant formé par l'Orénoque , entre le continent de
l'Amérique du Sud et l'île de la
Trinité abondante en asphalte ,
est si fort que les navires, qui,
favorisés par un vent frais de
l'ouest , veulent voguer à pleines
voiles contre sa direction , peuvent
à peine le refouler. Cet endroit

solitaire et redouté, s'appelle le golfe Triste. L'entrée en est formée par la bouche du Dragon. C'est là que, du milieu des flots furieux, s'élèvent d'énormes rochers isolés, reste de la digue antique (3) renversée par le courant, qui joignit jadis l'île de la Trinité à la côte de Paria.

Ce fut à l'aspect de ce lieu que Colomb, ce hardi navigateur, fut convaincu, pour la première fois, de l'existence du continent de l'Amérique. « Une quantité si « prodigieuse d'eau douce, » ainsi raisonnoit cet homme qui connoissoit parfaitement la nature , « n'a pu être rassemblée que par « un fleuve d'un cours très-pro

« longé. La terre qui donne cette
« eau , doit être un continent ,
« et non pas une île. » Les com-
pagnons d'Alexandre , après avoir
franchi le Paropamisus couvert
de neige (4), crurent reconnoître
un bras du Nil, dans l'Indus abondant en crocodiles (*a*) ; Colomb
qui ignoroit la ressemblance de
physionomie qu'ont entre elles
toutes les productions du climat
des palmes , pensoit que le nouveau continent étoit la prolon-
gation de la côte orientale de l'Asie.
La douce fraîcheur de l'air du soir ,
la pureté éthérée du firmament,
les émanations balsamiques des
fleurs que la brise de terre lui

(*a*) Arrian. hist. lib. 6. initio.

apportoit, tout lui fit conjecturer, comme le raconte Herrera (5) dans ses décades, qu'il ne devoit pas être éloigné du jardin d'Eden, ce séjour sacré des premiers humains. L'Orénoque lui parut un des quatre fleuves, qui, selon les traditions respectables du monde primitif, sortoient du paradis terrestre pour arroser et partager la terre nouvellement décorée de plantes. Ce passage poétique de la relation du voyage de Colomb, a un intérêt particulier et sentimental. Il nous révèle que l'imagination créatrice du poëte parle chez le navigateur qui a découvert un monde, comme chez tous les hommes doués d'un grand caractère.

Lorsque l'on considère l'immense volume d'eau que l'Orénoque porte à l'océan atlantique, on est tenté de demander lequel de l'Orénoque, de la rivière des Amazones, ou du Rio de la Plata, est le plus considérable. La question est trop vague, de même que toute idée de grandeur physique. L'embouchure du Rio de la Plata, est la plus large ; elle a vingt-trois milles géographiques. Mais relativement aux autres, ce fleuve est, comme ceux de l'Angleterre, d'une longueur médiocre. Son peu de profondeur, dès Buenos-Ayres, met obstacle à sa navigation, en remontant. La rivière des Amazones est le plus long de tous les fleuves. Son cours, depuis sa source dans le lac de Lauricocha, jusqu'à son embouchure est de sept cent vingt milles. Mais sa largeur dans la province de Jaen de Bracamoros, près de la cataracte de Rentama où je la mesurai au-dessous de la montagne pittoresque de Patachuma, égale à peine celle du Rhin à Mayence.

L'Orénoque, à son embouchure, paroît plus étroit que le Rio de la Plata et la rivière des Amazones. D'après mes observations astronomiques, son cours n'est que de deux cent soixante milles. Mais dans la partie la plus reculée de la Guayane, à cent quarante milles de son embouchure, je trouvai que, dans le temps des hautes eaux, ce fleuve avoit seize mille deux cents pieds de largeur. Le gonflement périodique de ses eaux élève leur niveau de quarante-huit à cinquante-deux pieds au-dessus du point où elles sont les plus basses. Pour faire une comparaison exacte des fleuves prodigieux qui coupent le continent de l'Amérique du sud, nous manquons de matériaux suffisans. Il faudroit connoître le profil du lit des fleuves, et leur vîtesse qui doit différer dans chaque partie de leur cours.

Par le Delta qu'enferment ses bras subdivisés en une infinité d'autres et non encore explorés, par la régularité de son gonflement et de son abaissement, par la grosseur et la quantité de ses crocodiles , l'Orénoque offre plusieurs traits de ressemblance avec le Nil que la nature forma sur une échelle plus petite. Il en existe un autre encore entre ces deux fleuves : ils ne sont long-temps que des torrens impétueux qui, au milieu des forêts, se frayent un cours à travers des montagnes de granit et de syénite, jusqu'à l'instant où, bordés de rivages sans arbres, ils coulent lentement sur une surface presque absolument horizontale. Depuis le fameux lac de Gogam, situé dans les Alpes de l'Abyssinie, jusqu'à Syène et Elephantine, le Nil perce à travers les montagnes de Schangalla et de Sennaar. L'Orénoque sort de la pente méridionale de la chaîne de montagnes, qui, sous le quatrième et le cinquième parallèle nord, s'étend de l'est à l'ouest, depuis la Guïane françoise, jusqu'aux Andes de la Nouvelle Grenade vers l'Ouest. Les sources de l'Orénoque n'ont été visitées par aucun Européen, et même par aucun naturel qui ait eu quelque relation avec les Européens.

Dans l'été de l'an 1800, lorsque nous naviguions sur l'Orénoque supérieur, nous arrivâmes aux embouchures du Sodomoni et du Guapo. Là, s'élève bien au-dessus des nues la cîme sourcilleuse du Duida, montagne dont l'aspect offre une des scènes les plus imposantes que la nature étale sous les tropiques. La pente méridionale est une savane sans arbres. L'air humide du soir est rempli du parfum qu'exhalent les ananas dont les tiges succulentes croissent au milieu des plantes basses de la prairie ; au-dessous de la couronne de feuilles, d'un vert bleuâtre, le fruit doré brille au loin. Dans les endroits où les eaux sortent du tapis de verdure, de hauts palmiers en éventail forment des groupes solitaires. Dans cette région brûlante, nul courant d'air rafraîchissant ne vient agiter leur feuillage.

A l'ouest du Duida, commence une épaisse forêt de cacaotiers sauvages, qu'entourent le *Bertholetia excelsa*, cet amandier célèbre, la production végétale la plus vigoureuse des tropiques. C'est là que les naturels viennent recueillir les matériaux pour faire leurs cors ; ce sont des chalumeaux de graminées gigantesques , qui d'un nœud à l'autre ont des articulations longues de dix-sept pieds. Quelques moines franciscains ont pénétré jusqu'à l'embouchure du Chiguiré , où l'Orénoque est si étroit, que près de la cataracte des Guaharibes , les naturels y ont jeté un pont fait de lianes tressées. Les Guaicas , race d'homme d'une blancheur surprenante , mais très-petits, empêchent d'avancer plus loin vers l'est , le voyageur qui redoute leurs flèches empoisonnées.

Aussi tout ce que l'on rapporte

sur le lac dont l'Orénoque tire sa source est-il fabuleux. C'est en vain qu'on chercheroit dans la nature le lac appelé Laguna del Dorado, qui, sur la carte la plus récente d'Arrowsmith, a une longueur de vingt milles et paroît une mer intérieure. Le petit lac couvert de roseaux, d'où le Pirara, branche du Mao, tire sa source, auroit-il donné lieu à cette fable ? Mais ce marécage est situé cinq degrés plus à l'ouest que le canton où l'on peut supposer que se trouvent les sources de l'Orénoque. Au milieu est l'île de Pumacena, qui probablement est un rocher de schiste micacé, dont le brillant, depuis le seizième siècle, a joué un rôle remarquable, mais souvent fatal pour la crédule humanité, en donnant naissance à la fable de l'Eldorado.

Selon la tradition de plusieurs naturels, les *nuées de Magellan* du ciel austral, et même les magnifiques *nébuleuses du vaisseau Argo*, ne sont que le reflet de l'éclat métallique que jette la montagne d'argent de Parimé. Au reste, c'est une vieille coutume des géographes par théorie, de faire sortir de lacs, tous les grands fleuves du monde.

L'Orénoque est du nombre de ces fleuves singuliers qui, après avoir fait beaucoup de détours à l'ouest et à l'est, suivent enfin une direction tellement rétrograde , que leur embouchure se trouve presque dans le même méridien que leur source. Du Chiguiré et du Gehette au Guaviare , l'Orénoque court à l'ouest , comme s'il vouloit porter ses eaux au grand Océan. Dans cet espace , il envoie au sud un bras très-remarquable, appelé le Cassiquiare , peu connu en Europe, et qui se réunit au Rio-Negro ou, comme le nomment les naturels , au Guainia , exemple unique de l'embranchement de deux grands fleuves.

La nature du sol et la jonction du Guaviare et de l'Atabapo avec l'Orénoque, le déterminent à se diriger tout d'un coup vers le Nord. Par ignorance de la géographie , on a long-temps pris le Guaviare pour la véritable source de l'Orénoque. Les doutes qu'un géographe célèbre (6) a élevés dès 1797 sur la possibilité de l'union de ce fleuve avec celui des Amazones , sont , je l'espère , entièrement dissipés par mon voyage. Une navigation non interrompue de quatre cent soixante-douze milles sur un singulier réseau de fleuves, m'a conduit du Rio Negro par le Cassiquiare dans l'Orénoque , ou bien des frontières du Brésil , par l'intérieur du continent , jusqu'aux côtes de Caraccas.

Dans la partie supérieure du domaine de ces fleuves, entre le

troisième et le quatrième parallèle nord , la nature a plusieurs
fois répété le phénomène singulier
de ce qu'on appelle les eaux noires.
L'Atabapo dont les rives sont
ornées de carolinea et de melastomes arborescens , le Temi, le
Tuamini, et le Guainia ont des
eaux d'une teinte couleur de café.
A l'ombre des massifs de palmiers, leur couleur passe au noir
foncé, mais dans des vaisseaux
transparens, les eaux sont d'un jaune doré. L'image des constellations
australes se reflète avec un éclat singulier dans ces rivières noires. Partout où leurs eaux coulent douce-
ment, elles offrent à l'astronome
qui observe avec des instrumens de

réflexion, un excellent horizon artificiel.

Le manque de crocodiles et de poissons, une fraîcheur plus grande, un moindre nombre de mosquites piquans et un air salubre distinguent la région des fleuves noirs. Ils doivent probablement leur couleur à une dissolution de carbure d'hydrogène, à l'abondance de la végétation, et à la multitude de plantes dont est couvert le sol qu'ils traversent. En effet, sur la pente occidentale du Chimborazo, du côté du grand Océan, j'ai remarqué que l'eau qui sortoit du Rio de Guayaquil prenoit graduellement une teinte jaune dorée, puis couleur de café quand elle avoit sé-

journé pendant quelque temps sur
les prairies.

A peu de distance de l'embouchure du Guaviare et de l'Atabapo,
on trouve le palmier de la forme
la plus noble , le piriguão. Son
tronc lisse , haut de soixante pieds,
est terminé par un bouquet de
feuilles délicates , comme celles des
roseaux , et frisées sur les bords.
Je ne connois pas de palmier qui
porte des fruits aussi gros et aussi
agréablement colorés ; ils sont,
comme la pêche , jaunes et
pourprés. Réunis au nombre de
soixante à quatre-vingts, ils forment
des grappes monstrueuses dont ,
sur chaque tronc , trois murissent
tous les ans. On pourroit nommer

ce superbe végétal, le palmier-pêcher. Les fruits charnus sont la plupart sans semences à cause de la végétation trop abondante en sucs. Ils fournissent aux naturels un mets nourrissant et farineux, qui peut, comme les bananes et les pommes de terre, être apprêté de plusieurs manières différentes.

Jusqu'à cet endroit, ou jusqu'au confluent du Guaviare, l'Orénoque coule le long de la pente méridionale de la montagne de Parimé. Depuis sa rive gauche, jusques bien au-delà de l'équateur au quinzième degré de latitude australe, s'étend le bassin immense et boisé de la rivière des Amazones. Mais à San-Fernando

de Atabapo, l'Orénoque, tournant tout-à-coup au nord, perce
une partie de la chaîne de montagnes. C'est là que sont situées
les grandes cataractes d'Aturès et
de Maypurès. Là le lit du fleuve
est rétréci par des masses de rochers gigantesques, et comme par-
tagé en différens réservoirs par des
digues naturelles. Au milieu d'un
gouffre où les eaux tourbillonnent
vis-à-vis l'embouchure du Meta,
est une énorme roche isolée que
les naturels ont nommée avec raison la pierre de patience; car
lorsque les eaux sont basses, ceux
qui remontent le fleuve, sont quelquefois obligés de s'y arrêter pendant deux jours entiers. Le fleuve
en pénétrant très-avant au milieu

des terres, forme dans les rocs des baies très-pittoresques. Vis-à-vis la mission de Carichana, le voyageur est surpris par un aspect extraordinaire. L'œil se fixe involontairement sur le Mogoté de Cocuyza, rocher raboteux de granite, de forme cubique, qui élève perpendiculairement ses flancs escarpés à deux cents pieds de hauteur, et porte sur son plateau supérieur une forêt de grands arbres. Semblable à un monument cyclopéen simple dans sa grandeur, cette masse de rocs dépasse le faîte des palmiers qui l'entourent, et par ses contours fortement prononcés, tranche le bleu foncé du ciel, et présente une forêt au-dessus d'une forêt.

Si l'on descend plus bas vers la mission de Carichana, on arrive à un point où le fleuve s'est ouvert un passage par le défilé très-étroit du Baraguan. On reconnoît partout les traces d'un chaos de bouleversemens. Plus au Nord, près d'Uruana et d'Emaramada, s'élèvent des masses de granite, d'un aspect grotesque. Partagées par des hachures extraordinaires, et éblouissantes de blancheur, elles resplendissent au loin du milieu d'un massif de verdure.

Dans cette contrée, depuis l'embouchure de l'Apurè, le fleuve quitte la chaîne de granite. Se dirigeant à l'est, il sépare, jusqu'à l'océan, les forêts impénétrables de la Guayane, des savanes, où dans un lointain sans bornes repose la voûte du ciel. Ainsi, l'Orénoque entoure de trois côtés, au Sud, à l'Ouest, et au Nord, le groupe de hautes montagnes qui remplissent le vaste espace entre les sources du Jao et du Caura. Depuis Carichana, jusqu'à son embouchure, le fleuve est libre de rochers et de tourbillons, à l'exception de la bouche de l'enfer (Boca del inferno), près de Muitaco, où les roches occasionnent un tournoiement, mais ne barrent pas le lit entier du fleuve, comme à Aturès et à Maypurès. Dans cet endroit, près de la mer, les marins ne connoissent pas d'autre danger que celui des véritables radeaux-naturels, contre lesquels les canots viennent souvent échouer pendant la nuit. Ces radeaux se forment de grands arbres, que le fleuve, en se débordant, déracine et entraîne. Couverts, comme des prairies, de plantes aquatiques, ils rappellent les jardins flottans des lacs du Mexique.

Après avoir jeté ce coup-d'œil rapide sur le cours de l'Orénoque, et sur ce qu'il offre de remarquable en général, je passe à la description des cataractes de Maypurès et d'Aturès.

Du groupe des hautes montagnes de Cunavami, entre les

sources des rivières Sipapo et Ventuari, une chaîne granitique se prolonge à l'ouest, et s'avance vers les monts Uniama. De cette chaîne sortent quatre ruisseaux qui embrassent en quelque sorte les cataractes de Maypurès; savoir : sur la rive orientale de l'Orénoque, le Sipapo et le Sanariapo, et sur la rive occidentale, le Cameji et le Toparo. Dans l'endroit où est le village de Maypurès, les montagnes forment une vaste gorge ouverte au sud-ouest.

Aujourd'hui le fleuve roule ses flots écumans, au bas de la pente du chaînon oriental de la montagne; mais on reconnoît au loin du côté occidental, l'ancien rivage

qu'il a abandonné. Une vaste savane s'étend d'un côté à l'autre.
Les jésuites y ont construit, avec
des troncs de palmiers, une petite
église. Cette plaine est à peine élevée de trente pieds au-dessus du
niveau du fleuve.

L'aspect géologique de ces lieux,
la forme insulaire des rochers de
Keri et d'Oco, les cavités que les
flots ont creusées dans la première
de ces hauteurs et qui sont placées
précisément à la même hauteur
que les excavations qu'on aperçoit dans l'île d'Uivitari, située
vis-à-vis; ces apparences réunies,
prouvent que toute cette anse
aujourd'hui à sec, étoit jadis couverte par l'Orénoque. Les eaux

formoient probablement un lac
immense, aussi long-temps que
leur résista la digue du Nord.
Lorsqu'elle fut renversée, la savane habitée par les Guarèques,
parut d'abord comme une île.
Peut-être le fleuve entoura–t–il encore long-temps les rochers pitto-
resques de Keri et d'Oco, qui
sortent de son ancien lit, semblables à deux antiques forteresses.
En diminuant graduellement, les
eaux se retirèrent tout - à - fait
vers le chaînon oriental des montagnes.

Cette conjecture est confirmée
par un grand nombre de faits.
L'Orénoque a ici, comme le Nil
près de Philæ et de Syène, la

propriété remarquable de colorer en noir les masses de granit d'un blanc rougeâtre qu'il lave depuis des milliers d'années. Jusqu'à la ligne qu'atteignent les eaux, on observe le long du rivage, une enveloppe couleur de plomb, qui contient du carbone, et pénètre à peine d'un dixième de ligne dans l'intérieur de la roche. Cette couche noirâtre et les cavités dont nous avons parlé plus haut, font connoître l'ancienne hauteur des eaux de l'Orénoque.

Dans le rocher de Keri, dans les îles des cataractes, dans la chaîne des montagnes de Cumadaminari qui passe au − dessus de l'île de Tomo, enfin, à l'embouchure du

Jao, on voit de ces cavités noi-
râtres élevées de cent cinquante à
cent quatre-vingts pieds au-dessus
du niveau actuel des eaux ; ces
vestiges nous révèlent ce que le
lit de tous les fleuves d'Europe
nous a fait remarquer, c'est que
ces courants dont la masse excite
encore aujourd'hui notre admiration ne sont que de foibles restes
des immenses volumes d'eau qui
sillonnèrent le monde primitif.

Des observations aussi simples
n'ont pas échappé aux grossiers
habitans de la Guayane. Partout ils
nous faisoient remarquer l'ancienne
hauteur des eaux. Au milieu d'une
savane , près d'Uruana , on voit
un rocher isolé de granite ; sui-

vant le récit d'hommes dignes de foi, il présente à une élévation de quatre-vingts pieds des images du soleil, de la lune, des figures de plusieurs animaux et entr'autres de crocodiles et de boa, creusées sur la surface et disposées à-peu-près par rangées. Personne maintenant ne pourroit, sans le secours d'un échafaudage, grimper le long des parois perpendiculaires de ce rocher qui mérite un examen attentif de la part des voyageurs futurs. C'est dans une position tout aussi remarquable qu'on trouve les traits hiéroglyphiques gravés sur les montagnes d'Uruana et d'Encaramada.

Si l'on demande aux naturels

comment ces traits ont pu être creusés, ils répondent que ce fut jadis aux jours des hautes eaux, quand leurs pères naviguoient à cette élévation. Une pareille hauteur des eaux a donc subsisté postérieurement à ces monumens grossiers de l'industrie des hommes. Elle indique un état de la terre qu'il ne faut pas confondre avec celui où la première parure végétale de notre planète, les corps gigantesques d'espèces éteintes de quadrupèdes, et les habitans de l'Océan du monde primitif ont trouvé leur tombeau sous l'enveloppe endurcie de la terre.

L'issue des cataractes vers le nord, est célèbre par les images du soleil et de la lune que la nature a tracées. Le rocher Keri dont j'ai parlé plusieurs fois, doit son nom à une tache blanche qui reluit au loin, et à laquelle les naturels prétendent trouver une ressemblance frappante avec le disque de la pleine-lune. Je n'ai pu gravir ce roc escarpé, mais la tache blanche est probablement un très-grand nœud de quartz que forme la réunion de plusieurs filons sur le granite d'un noir grisâtre.

En face du Keri, les Indiens montrent avec une admiration mystérieuse, sur la montagne jumelle de basalte de l'île d'Oui-vitari, un disque semblable qu'ils adorent comme l'image du soleil

(Camosi). Peut-être la position géographique de ces deux rochers a-t-elle aussi contribué à leur faire donner ces noms, car je trouvai que Keri étoit tourné au couchant et Camosi au levant. Ceux qui s'occupent de l'étude des langues, trouveront dans le mot américain Camosi beaucoup de ressemblance avec Camosh, nom du soleil dans un des dialectes phéniciens.

Les cataractes de Maypurès n'offrent pas, comme le saut du Niagara, haut de cent-quarante pieds, la chute d'un énorme volume d'eau qui se précipite à la fois tout entier ; ce ne sont pas non plus des défilés étroits à travers lesquels le fleuve pénètre en accélérant son cours , comme au Pongo de Manseriche de la rivière des Amazones. Elles se forment d'une quantité innombrable de petites cascades , qui se suivent en tombant de degrés en degrés. Le *Raudal*, c'est ainsi que les Espagnols nomment cette espèce de cataracte , est déterminé par un archipel d'ilots et de rochers qui rétrécissent tellement le lit du fleuve , large de huit mille pieds , que souvent il ne reste pas vingt pieds de libre pour la navigation. Le côté de l'Orient est aujourd'hui beaucoup moins accessible et plus dangereux que celui de l'Occident.

Au confluent du Cameji et de

l'Orénoque on décharge les mar-
chandises ; l'on confie les canots
vides , appellés ici *pirogues* , à
des naturels qui connoissent bien
le *Raudal* et en désignent chaque degré , chaque roche par un
nom particulier ; ils guident les canots jusqu'à l'embouchure du Toparo , où l'on regarde le danger
comme passé. Lorsqu'il n'y a que
des rochers isolés ou des degrés
qui n'ont pas plus de deux à trois
pieds de haut, ils se hasardent à
les descendre en canot. Mais en
remontant le fleuve, ils nagent en
avant, parviennent, après bien des
efforts inutiles, à fixer une corde
à une des pointes de rocher qui
sortent des eaux , et au moyen de
cette corde ils tirent à eux la

barque, qui durant ce travail pénible, est souvent chavirée ou entièrement remplie d'eau.

Quelquefois, et c'est le seul accident que redoutent les naturels, le canot se brise contre les rochers. Alors les pilotes, le corps tout sanglant, cherchent à éviter le tourbillon, et à atteindre la rive à la nage. Lorsque les degrés sont très-hauts, et que la digue des rochers barre entièrement le fleuve, l'embarcation légère est portée à terre, et avec l'aide de branches d'arbres qu'on place dessous en guise de rouleaux, on la tire jusqu'au prochain rivage.

Les degrés les plus célèbres et

les plus difficiles sont ceux de Purimarimi et de Manimi ; leur hauteur est de neuf pieds. Un nivellement géodésique est rendu impossible par les obstacles insurmontables qu'opposent les localités et l'air infect et rempli de myriades de mosquitos ; mais en me servant du baromètre, j'ai trouvé avec surprise, que la chute entière du *Raudal*, depuis l'embouchure du Cameji, jusqu'à celle du Toparo, étoit à peine de vingt-huit à trente pieds. Je dis avec surprise, puisque le fracas terrible des vagues écumeuses n'est point dû, comme on le croiroit, à la hauteur d la cataracte, mais au rétrécissement du fleuve par un nombre infini de roches et d'ilots, et au contre-courant occasionné par la forme et la situation des masses de ro-chers. C'est ce que l'on reconnoît facilement, lorsque du village de Maypurès, on descend au bord du fleuve, en franchissant le rocher de Manimi.

C'est là qu'on jouit d'un aspect tout-à-fait merveilleux. Les yeux mesurent soudainement une nappe écumeuse d'un mille d'étendue. Des masses de rochers d'un noir de fer sortent de son sein comme de hautes tours ; chaque îlot, chaque roche se pare d'arbres vigoureux et pressés en groupe ; au-dessus de l'eau, est sans cesse suspendue une fumée épaisse ; à travers ce brouillard vaporeux où se résout l'écume, s'élance la cîme des hauts palmiers. Dès que le rayon brûlant du soleil du soir vient se briser dans le nuage humide, les phénomènes de l'optique présentent un véritable enchantement. Les arcs colorés disparoissent et renaissent tour-à-tour, et, jouet léger de l'air, leur image se balance sans cesse.

Autour des rocs pelés, les eaux murmurantes ont, dans les longues saisons des pluies, entassé des îles de terre végétale. Parées de *drosera*, de *mimosa*, au feuillage d'un blanc argenté, et d'une multitude de plantes, elles forment des lits de fleurs, au milieu des roches nues; elles rappellent à l'Européen ces blocs de granite solitaires et couverts de fleurs, que les habitans des Alpes appellent *courtils*, et qui percent les glaciers de la Savoye.

Dans un lointain bleuâtre, l'œil se repose sur la chaîne des montagnes de Cunavami longuement prolongée et dont les flancs escarpés se terminent par une cime tronquée. Le dernier chaînon de ces montagnes, auquel les naturels donnent le nom de Calitamini, nous parut au coucher du soleil comme une masse rougeâtre ardente. Cette apparence est chaque jour la même. Personne ne s'est jamais approché de cette montagne; son éclat singulier naît peut-être du jeu des reflets produits par le talc ou le schiste micacé.

Pendant les cinq jours que nous passâmes dans le voisinage de la cataracte, nous remarquâmes avec surprise que le fracas du fleuve étoit trois fois plus fort pendant la nuit que pendant le jour. En Europe on observe la même singularité à toutes les chutes d'eau. Quelle en peut être la cause, dans un désert ou rien n'interrompt le silence de la nature ? Il faut probablement la chercher dans le courant d'air chaud ascendant qui, le jour, arrête la propagation du son, et qui cesse pendant la nuit lorsque la surface de la terre est refroidie.

Les naturels nous montrèrent des traces d'ornières de voiture. Ils

parlent avec ravissement des animaux cornus qui traînoient sur
des voitures les canots le long de
la rive gauche de l'Orénoque depuis l'embouchure du Cameji,
jusqu'à celle du Toparo, dans le
temps où les Jésuites poursuivoient
par les conversions leurs conquêtes
dans cette partie du monde. Alors
les embarcations restoient char-
gées, et n'étoient pas détériorées
comme aujourd'hui par l'échoue-
ment et le frottement continuel
contre les rochers raboteux.

Le plan que j'ai tracé de tout
le pays environnant, prouve qu'on
peut ouvrir un canal entre le
Cameji et le Toparo. La vallée
où coulent ces deux rivières très-

abondantes en eau, est presqu'unie. Le canal dont j'ai proposé l'exécution au gouverneur-général de Venezuela dans l'été de 1800, deviendroit un bras navigable de l'Orénoque, et rendroit superflue la navigation dangereuse de l'ancien lit du fleuve.

Le *Raudal* d'Aturès est entièment semblable à celui de Maypurès. Il consiste, comme celui-ci, en une multitude d'îlots entre lesquels le fleuve se fraye un passage dans une longueur de trois à quatre mille toises; un massif de palmiers s'y élève de même du milieu de la surface écumeuse des eaux. Les plus célèbres degrés des cataractes sont placés entre les îles d'A-

vaguri et de Javariveni, entre Su-
ripamana et Uirapuri.

Lorsque M. Bonpland et moi,
nous revenions des bords du Rio-
Negro, nous nous hasardâmes à
passer dans nos canots chargés cette
dernière moitié du Raudal d'Aturès. Nous grimpâmes plusieurs fois
sur les rochers qui, semblables à
des digues, joignent les îles les unes
aux autres. Tantôt les eaux se pré-
cipitent au-delà de ces digues, tantôt elles tombent en dedans avec
un bruit sourd. Aussi des portions considérables du lit du fleuve
sont-elles souvent à sec, parce-
qu'il s'est ouvert une issue par des
canaux souterrains. C'est dans cette
solitude que niche le coq de roche

de couleur d'or (*pipra rupicola*), l'un des plus beaux oiseaux des tropiques, belliqueux comme le coq domestique des Indes, et remarquable par la double crête de plumes mobiles dont sa tête est décorée.

Dans le Raudal de Canucari, des cubes escarpés de granit forment la digue. Nous entrâmes en rampant dans l'intérieur d'une caverne dont les parois humides étoient couvertes de *conferves* et de *bissus* phosphorescens. Le fleuve presse avec un fracas terrible ses flots tumultueux au-dessus de la caverne. Nous eûmes, par hasard, l'occasion de jouir de cette grande scène de la nature plus long-temps que nous n'aurions voulu. Les naturels nous avoient quittés au milieu de la cataracte. Le canot devoit prolonger une île étroite pour nous reprendre à son extrémité inférieure, après avoir fait un long détour. Nous restâmes une heure et demie exposés à une effroyable pluie d'orage. La nuit s'approchoit, nous cherchâmes en vain un abri dans les fentes des masses de granit. Les petits singes, que depuis plusieurs mois nous portions avec nous dans des cages tressées, attiroient, par leurs cris plaintifs, des crocodiles dont la grosseur et la couleur d'un gris plombé annonçoient le grand âge. Je ne ferois pas mention de cette apparition très-commune dans l'Orénoque, si les naturels ne nous avoient pas assuré que jamais on n'avoit vu de crocodiles dans les cataractes. Pleins de confiance dans leur assertion, nous avions plus d'une fois osé nous baigner dans cette partie du fl uve.

Cependant, avec chaque minute, croissoit pour nous la crainte de nous voir contraints, mouillés comme nous étions, et étourdis par le fracas de la cataracte, de passer sans dormir la longue nuit de la zone torride au milieu du Raudal. Enfin les Indiens parurent avec notre canot. Le degré par où ils avoient voulu descendre étoit impraticable à cause du peu de profondeur des eaux. Les pilotes avoient été forcés de chercher dans le labyrinthe du canal un passage plus accessible.

A l'entrée méridionale du Raudal d'Aturès, sur la rive droite du fleuve, est la caverne d'Ataruipe, très-célèbre parmi les indigènes. Les environs ont une physionomie grande et imposante, telle qu'ils semblent avoir été d'avance destinés par la nature, à servir de sépulture à une nation. On gravit avec peine, et non sans danger, un roc de granit, escarpé et entièrement nu. Il seroit presqu'impossible de fixer le pied sur sa surface lisse, si de grands cristaux de feld-spath, défiant le pouvoir de la décomposition, ne sortoient çà et là hors de la roche.

A peine a-t-on atteint le sommet, qu'on est surpris par le coup-d'œil étendu de tout le pays d'alentour. Du lit écumeux des eaux s'élèvent des collines ornées de forêts. De l'autre côté du fleuve, au-delà de sa rive occidentale, le regard se repose sur la savane immense du Meta. A l'horizon, la montagne d'Uniama paroît comme une nuée qui s'élève. Tel est le lointain ; mais autour de l'observateur, tout est désert et resserré. Les engoulevens croassans et les vautours volent solitaires dans la vallée profondément sillonnée, et leur ombre mobile glisse lentement sur les flancs nus du rocher.

Cet abîme est borné par des mon-

tagnes dont les sommets arrondis
portent d'énormes blocs sphériques
de granit dont le diamètre est de
quarante à cinquante pieds. Ils semblent ne toucher que par un seul
point la roche qui les soutient, et
être près de rouler au fond du pré-
cipice à la moindre secousse de
tremblement de terre.

La partie la plus reculée de cette
vallée est couverte d'une épaisse
forêt. C'est dans cet endroit ombragé que s'ouvre la caverne d'Ataruipe; c'est moins un antre qu'un
rocher très-saillant où les eaux ont
creusé un enfoncement lorsqu'elles
atteignoient à cette hauteur. Là est
le tombeau d'une peuplade éteinte.
Nous y comptâmes environ six

cents squelettes bien conservés; chacun repose dans une corbeille faite avec les pétioles des feuilles de palmier.Cette corbeille,que les naturels nomment mapirès, a la forme d'une espèce de sac carré; elle est d'une grandeur proportionnée à l'âge des morts, même pour les enfans moissonnés à l'instant de leur naissance. Tous ces squelettes sont si entiers qu'il n'y manque ni une côte ni une phalange.

Les os sont préparés de trois manières; ou blanchis, ou peints en rouge avec *l'onoto*, matière colorante tirée, comme le rocou, du Bixa orellana; ou, comme les momies, enduits de résine odorante et enveloppés de feuilles de bananier.

Les naturels racontent que l'on mettoit pendant quelques mois le cadavre frais dans la terre humide, afin que les chairs se consumassent peu-à-peu. Ensuite on l'en retiroit, et avec des pierres aiguisées on racloit la chair restée sur les os. Plusieurs hordes de la Guayane pratiquent encore cette coutume. Auprès des mapirès, ou corbeilles, on trouve aussi des urnes d'une argile à moitié cuite, qui paroissent contenir les os de familles entières.

Les plus grandes de ces urnes ont trois pieds de haut et cinq pieds et demi de long; elles sont d'une forme ovale assez agréable, et d'une couleur verdâtre; elles ont des anses faites en formes de croco-

diles ou de serpens, et le bord d'en-
haut est décoré de méandres et de
labyrinthes. Ces ornemens sont entièrement semblables à ceux qui
couvrent les murs du palais mexi-
cain près de Mitla. On les retrouve
sous toutes les zones et dans les degrés de civilisation les plus différens,
chez les Grecs et les Romains, dans
le temple du *Deus Rediculus*, à
Rome, et sur les boucliers des Taï-
tiens, partout où une répétition
rhythmique de formes régulières
flattoit les yeux. Ces causes, comme
je l'ai développé ailleurs, tiennent
trop intimément à la nature intérieure des dispositions de notre ame,
pour qu'elles puissent prouver l'origine commune ou les relations anciennes des peuples.

Nos interprètes ne purent pas nous donner des notions précises sur l'antiquité de ces vases. La plupart des squelettes ne paroissoient pas avoir plus de cent ans. Il circule une tradition chez les Quareques, c'est que les belliqueux Aturès, poursuivis par les Caribes anthropophages, se sont sauvés sur les rochers des cataractes, séjour lugubre où cette peuplade resserrée s'éteignit ainsi que son langage. Dans les parties les plus inaccessibles du Raudal, on trouve de semblables catacombes (7). Il est très-vraisemblable que les dernières familles des Aturès ne se sont éteintes que très-tard ; car dans Maypurès, et c'est un fait singulier, vit encore un vieux perroquet dont les habitans racontent qu'on ne le comprend pas, par ce qu'il parle la langue des Aturés.

Nous quittâmes la caverne au commencement de la nuit, après avoir, au grand scandale de notre guide, pris plusieurs crânes et le squelette complet d'un homme âgé. Un de ces crânes a été figuré par M. Blumenbach dans son excellent ouvrage craniologique. Quant au squelette, il a été perdu sur la côte d'Afrique, ainsi qu'une grande partie de nos collections, dans un naufrage qui priva de la vie notre ami, notre camarade de voyage, Fray Juan Gonzalez, jeune moine franciscain.

Comme émus du pressentiment d'une perte aussi douloureuse, tristes et rêveurs, nous nous éloignâmes de ce tombeau d'une peuplade entière. C'étoit par une de ces nuits sereines et fraîches, qui sont si ordinaires sous la zone torride. La lune, entourée d'anneaux colorés, brilloit au zénith; elle éclairoit la lisière du brouillard, qui, comme un nuage à contours fortement prononcés, voiloit le fleuve écumeux, Une multitude innombrable d'insectes répandoit une lumière phosphorique rougeâtre sur la terre couverte de plantes. Le sol resplendissoit d'un feu vivant, comme si les astres du firmament étoient venus s'abattre sur la savane. Des bigno-

nia grimpans, des vanilles odo-
rantes, et des banisteria aux fleurs
d'un jaune doré, décoroient l'entrée de la caverne. Au - dessus, les
cîmes des palmiers se balançoient
en frémissant.

C'est ainsi que s'évanouissent
les générations des hommes, que
s'éteint peu à peu le nom des
peuples les plus célèbres! mais
lorsque chaque fleur de l'esprit se
flétrit, lorsque périssent dans les
orages des temps, les ouvrages du
génie créateur, une vie nouvelle
s'élance éternellement du sein de
la terre. Prodigue, infatigable,
la nature génératrice fait sans
cesse éclore les tendres boutons

et ne s'inquiète pas , si les hommes, race perverse et implacable, ne détruiront point le fruit dans sa maturité.

ECLAIRCISSEMENS

ET

ADDITIONS.

(1) *Le tranquille bras de mer,*
p. 152.

Entre le vingt-troisième parallèle
sud, et le soixante-dixième parallèle nord, l'Océan atlantique a la
forme d'une longue vallée décou-
pée sur ses bords, et dont les angles
saillans et rentrans se correspon-
dent exactement. J'ai donné de
plus grands développemens à cette

idée dans mon essai d'un tableau géologique de l'Amérique-Méridionale. (Imprimé dans le tome 53 du Journal de Physique , pag. 61). Depuis les îles Canaries , et surtout depuis le vingt-unième degré de latitude boréale , et le vingt-cinquième de longitude occidentale , jusqu'à la côte du Nord-Ouest de l'Amérique du Sud , la surface de la mer est si tranquille, et les vagues y sont si peu élevées, qu'un canot ouvert pourroit y naviguer avec sécurité.

(2) *Entre les Antilles* , p. 152.

A la côte Sud de Cuba , au Sud-Ouest du port de Batabano,

dans la baie de Xagua , mais environ à deux ou trois milles marins de la terre , des sources d'eau-douce sortent du milieu de l'eau salée , probablement par l'effet de la pression hydrostatique. Leur éruption se fait avec tant de force, que l'approche de ces lieux fameux est dangereuse pour les petites embarcations, à cause des lames qui sont très-hautes et se croisent en clapotant. Les navires côtiers approchent quelquefois de ces sources pour y prendre, au milieu de la mer, une provision d'eau-douce. Plus on puise profondément, plus l'eau est douce. On y tue souvent des lamentins (*Trichecus manati*), animal qui ne se tient pas habituellement dans l'eau salée. Ce singulier phénomène dont on n'avoit pas encore fait mention , a été examiné avec la plus grande exactitude, par don Francisco Lemaur , qui a relevé trigonométriquement la baie de Xagua. J'étois plus au sud, dans le groupe d'îles appelées *Jardines del re* , (Jardins du roi), et non à Xagua même.

(3) *Reste de la digue antique*,
p. 155.

Du temps de Strabon et de Pline il y avoit encore , dans le détroit de Gibraltar entre les colonnes d'Hercule , un banc ou ressif qui réunissoit les deux continents et qu'on appeloit, d'un nom bien caractéristique, le seuil de la mer Méditerranée. A quelle époque ont disparu et ces écueils dangereux pour les navires carthaginois ? Les îles qui, suivant le témoignage de Strabon et de Mela, étoient situées dans détroit, sont-elles les mêmes que celles que nous trouvons encore aujourd'hui sur la côte d'Afrique ?

(4) *Le Paropamisus couvert de neige*, p. 156.

En lisant la description que Diodore Lib. XVII, pag. 553, ed. Rhodom., fait du Paropamisus, on croit reconnoître un tableau des Andes du Pérou. L'armée macédonienne passa par des lieux habités, où il tomboit tous les jours de la neige.

(5) *Herrera*, p. 150.

Historia de las Indias Occidentales. Dec. I, libro III. Cap. 12, p. 166. Ed. 1601. — Juan Baptista Munoz, Histoire du Nouveau-Monde, t. I, p. 367.

(6) *Un géographe célèbre*, p. 170.

M. Buache. Voyez sa carte de la Guiane, 1789.

(7) *De semblables catacombes*, p. 226.

En 1800, quand je parcourois les forêts de l'Orénoque, on fit, d'après un ordre du roi, quelques recherches dans ces cavernes ossuaires. On accusoit, mais à tort, le missionnaire des cataractes d'y avoir déterré des trésors que les Jésuites y avoient caché, avant d'abandonner le pays.

FIN.

BIBLIOTHEQUE ROYALE

www.ingramcontent.com/pod-product-compliance
Lightning Source LLC
LaVergne TN
LVHW021430170726
843501LV00005B/1265